藍學堂

學習・奇趣・輕鬆讀

管理妙招便利貼

商業周刊30週年 最強管理案例精選

5大管理情境×109則嚴選案例×
142個秘訣，成功者的經驗借來用！

人多、事忙、嘴又雜，組織混亂沒條理、公司發展沒方向？
想好好管理，你可以這樣做！

商業周刊——著　黃俊堯——審訂．導讀
台大工商管理學系暨商學研究所專任教授

各界好評

《商業周刊》是二十世紀末、二十一世紀初台灣知識分子共同的回憶，過去三十年，我們曾在多少輛晃動的電車上、多少個從冷坐到熱的馬桶上讀過它幫我們挖掘出來的企業案例故事，伴我們從社會基層一路上升，給了我們繼續和這個世紀纏鬥的動力。藉由這套三十年案例精選套書，商周將這些行銷、管理、創業故事加入了學理架構，成為馬上可以放進公事包的MBA教科書。我毫不猶豫地想預訂三套，一套給自己，一套給我接班的部屬，另一套則給自己的孩子，給他做為告別校園、進入職場的第一套課本。

——Mr. 6劉威麟／網路趨勢觀察家

我曾是忠實的《商業周刊》訂閱用戶，但由於忙碌常常沒時間翻閱，一週又一週很快過去，未讀的雜誌越疊越高。我身為快節奏、高效率的網路工作者，常想有無可能出版「《商業周刊》精彩內容懶人包」，讓我一次看完所有報導和案例，跟上其精彩內容。這個願望實現了！《商業周刊》三十年精選套書不但蒐集歷年來重要的國內外案例，我特別喜愛「一點就通」的key point整理，這是一本所有管理者、創業家、自媒體工作者的實用教戰手冊，在事業卡關時可隨時翻閱尋找靈感。

——于為暢／資深網路人

《商業周刊》見證了台灣過去三十年的經濟發展史，其中最重要的就是企業的興衰起落。這些經典的企業案例，都是經濟長河中值得展讀再三的典範，發人深省，啟迪智慧。

——何飛鵬／城邦媒體集團首席執行長

創業、管理、行銷，在我看來已不是專業技能，更非只是商管學生必修學科，在網路快速變遷時代，我認為它就是職場、商業必須具備的競爭能力！因為，創業思維純熟者，對於商業洞察、思維、解決能力會比一般人強上數倍；掌握管理訣竅者，對於職場晉升、薪酬倍增上也會來得更迅猛；而擅長行銷者，對於個人品牌、工作崗位上，則有助拓展人脈與開創更多機會。相信閱讀完這三本書，將在你職涯突破口上，給予最大的養分及助力！

——許景泰／SmartM 世紀智庫執行長

只有經過時間考驗還能歷久彌新才是趨近真理的東西。一個歷經三十年仍然不朽的知識，就是有用的知識。《商業周刊》出版的全套書籍就是這樣的屬性。每篇都是當時應景，事後可以回味，最終可以參考的文章。放在書架，一日思路有點糾結，就信手翻閱，就像點子的抽籤筒，跳出相關又不相關的案例，正是刺激點子，獲得啟發的好方法，好書！值得向您推薦！

——葉明桂／奧美集團策略長暨奧美廣告副董事長

很多商場上的道理，就算再多人拍胸脯保證「這次不一樣」，事過境遷以後再回頭看，很多事情其實都不是新鮮事。我一直很喜歡閱讀其他公司的案例。而這是一套讀起來簡單，但一邊讀一邊想就變得很不簡單的書。書裡的很多案例，都不僅僅是個故事。倘若能把背後的道理拿來應用，對自己的工作，將會有相當大的助益！

——萬惡的人力資源主管／知名職場部落客

念書的時候，我讀日本企畫高手寫的書，他說企畫是用腳寫出來的，不是用手寫出來的；就業以後，老闆告訴我要用心去融入顧客情境——看來用心體會比用腳旁觀更重要。這套書累積了很多好的案例，幫大家節省了很多腳程，值得一看；但更重要的是，要找機會去體驗這些案例，才能夠學到門道喔！

——劉鴻徵／全聯福利中心行銷部協理

《商業周刊》對我而言，有三個意義：

1.我從信義房屋業務與主管時期就看的雜誌。

2.我在管理與行銷創意的點子和新知的來源。

3.商周專欄是我在創業階段最重要的助燃器。

由黃俊堯教授導讀與審訂，三合一的《商業周刊》三十週年紀念好書，一面觀看、一面咋舌，嘖嘖稱奇，令人讚歎，我彷彿沉浸台灣經濟起飛過程中，最重要的洪流裡。

我用以下幾句話推薦這套書籍：

行銷點子製造機，市場廝殺搶先機；

管理妙招便利貼，對上對下服服貼；

創業基因啟動碼，攻城策略翻轉法；

三冊合一商周慶，三十週年讀者心！

誠摯推薦給每一位辛勤工作的您。

——謝文憲／知名講師、作家、主持人

《目次》

第2章 人，是一切的根本

第3章

高品質的生產過程

第4章

讓顧客愛上你的產品

第5章 企業管理的底線——成本與績效

導讀

吸收案例精華，也要從經驗中學習

黃俊堯

一、多且雜亂的管理課題

莎士比亞劇作《哈姆雷特》中，哈姆雷特的戀人奧菲莉亞，面對哈姆雷特難解的異言異行，內心糾結之際曾感嘆：「我們知道我們是什麼，但不知我們可能變成什麼」[1]。

雖然情境大異，調性不同，但奧菲莉亞這段知名的感嘆，可以毫無違和感地套用在任何組織上。一個組織「是什麼」，由過往行過的軌跡所決定。但它「可能變成什麼」，則決定於大量未知條件下，組織如何選擇路徑、組織與分派資源、自我調適以因應變化與衝擊。簡單地說，組織的現在，是過往管理結果的總成；而組織的未來，則由組織的管理所決定。

課堂上談企業的管理，話說從頭時，常會提及百年前的法國專業經理人亨利・費堯（Henri Fayol）。費堯在煤礦公司擔任總經理長達三十年；透過長期累積的管理經驗，他將

1 "...we know what we are, but not what we may be." Hamlet, Act 4, Scene 5.

企業活動分為技術、商業、財務、會計、安全、管理等六類，並且界定企業管理涵蓋了規畫、組織、指引、協調與控制等五項環環相扣、不斷重複的重要程序。後世又把這五項概念，化約為PDCA（plan 規畫、do 執行、check 檢查、action 行動）四項，或者PDS（plan 規畫、do 執行、see 監管）。不管是五項、四項還是三項，概念上都直觀易懂；但有經驗的管理者同時也知道：知易行難。

雖有狀似井然有序的PDCA圖像，管理者通常卻更常像是泥淖中的領路人。實務上的管理課題，常常是像這樣地多且雜亂：

大頭目帶領一大群裝備通常不足的人，在泥濘不堪的野地裡，走著。

大頭目需要辨識四周的環境、土壤、天候；需要告訴大家往哪兒走、為何往那兒走，並且讓眾人信服值得費力前行，泥地裡的路走得通。

眼前忽然出現一條沒在意料中的湍急大河，強渡會不會滅頂？有沒有可能造些小舟渡過去？還是要轉頭在泥地中找別條路走？大夥兒意見亂成一片，大頭目這時必須做個明確的決定。如果要強渡，而一大群跟隨者好說歹說硬是不想冒險，大頭目不得不想辦法去處理。

無論如何，大夥兒要吃要喝要休息，因此大頭目需要邊走邊派人找水、找食物、找營地，至少把當天晚上先應付過去。不遠處還看得到另有幾群人，他們各自是敵？是友？會不會來搶水搶食搶營地？能不能合作？大頭目邊走得邊判斷、發號施令應對。

跟隨者中已經有些人餓著病著，大頭目必須安撫打氣，還得注意別讓他們低迷的情緒成了傳染病而拉低整體士氣。

不同小頭目分別帶著的幾小群人間相互齟齬已久，小頭目們聚在一起時火氣也很大，常有勞大頭目調解。

大頭目當然不容易，小頭目也常覺得「盲、忙、茫」。怎樣都看不懂大頭目為何不往看來好走的東邊而偏要往崎嶇的北邊走，但是小頭目收到命令必須執行，說服底下的人一起往東行。

鄰近的那一小群人路上不斷耍手段搶占屬於自己小群的糧草，小頭目必須做個處理。另外，越走越覺得不對勁的時候，小頭目得想法子把眾人的懷疑和沸騰的抱怨，委婉地傳達給大頭目知道。

二、管好方向、人手、糧草、士氣

無論是大頭目（組織領導者）還是小頭目（中階經理人），每天每季每年所碰到的大大小小麻煩事，事實上便是管理實務的各類課題。泥淖中走著，想要亂中有序，管理者必然需要對於方向、人手、糧草、士氣等等環節，加以規畫、組織、指引、協調與控制。

這本集結摘選《商業周刊》報導的小書，呈現的是國內外企業組織，應對前述「方向、人手、糧草、士氣」等棘手環節，近期在管理上曾被商周報導的若干「亮點」。全書就這些「亮點」，透過企業策略、組織文化與人力資源、生產與品質、品牌行銷與顧客經營、成本與績效等做為案例編排架構，呈現可供讀者參考的管理實例。而除了前述以管理功能為主的分類架構外，這些案例也彰顯各式各樣的企業經營邏輯與管理重點。以下簡單舉例分述。

不斷追求「合理化」的經營

根據德國社會學家韋伯（Max Weber）的詮釋，資本主義社會中資本驅動的各種發展，背後都有一條「合理化」的主軸線。本書中，如名聞遐邇的豐田「看板」制度、海爾的「員工存摺」、日本迪思科的「內部外包」、佳能的站著工作、英特爾提升會議效率的種種措施、日本 Saizeriya 的流程優化等等，都源自管理的合理化邏輯。

在競爭環境中找到清楚的定位

知名策略學者波特（Michael Porter）多年來高擎「定位」大旗，主張市場競爭中企業應該竭盡所能找到對的市場，並且在該市場中占據對的位置。本書中提及美廉社自有品牌＋獨家品牌的零售經營、Nike 不斷深化與運動員的心理連結、赤鬼對於簡單吃到好牛排的訴求、健豪印刷以到位服務創造海量小單的差異性經營方法，都說明了優勢定位的重要性。

蹲妥馬步，依憑核心能耐迎接各種挑戰

相對於「定位」，過去數十年間，另有一派以哈默爾（Gary Hamel）為代表的管理學者強調，企業的「核心能耐」更為重要。在本書中，萬國通路經營產品零件資料庫、騰訊透過細緻理解數億中國用戶行為而經營線上遊戲、華城電機在停電危機中脫穎而出、Zara 引領快時尚背後的系統與流程，在在都是企業有價值、稀缺、不可複製的核心能耐表現。

把經營顧客當作經營企業的核心

「顧客導向」說來容易，做起來難。六星集足體養身會館對於「心理紓壓」的強調、皇冠行李箱藉由微信掌握顧客偏好、華德電子提供的全方位客戶服務、趨勢科技讓工程師與客戶直接溝通的慣例，骨子裡都是「顧客導向」的實踐。

在多變環境中透過網絡連結，強化競爭力

璨揚車燈「上下游共好」的經營理念、合擊的「黑手共利」、P＆G 近年強調的「connect and develop」（C＆D）新產品開發方法、台灣自行車業者的 A-Team 等等書裡提及的例子，說明了快速變遷的時代裡，以各種方式「糾外力、打群架」的重要性。

三、兩種管理觀

我們都知道，左腦主管思考與分析計算，右腦掌握情感與直觀判斷。管理的道理，也可粗分為左腦與右腦兩種類型。

二十世紀初，泰勒（Frederick Taylor）透過碼錶與量尺，精確地分析鋼鐵公司工人的搬運作業動作，求出如每鏟最適重量、各類型工作的最合適工具等等，客觀的「最適解」。按照這些最適解工作，據說工人的時薪提高六成以上，每小時工作量則提高了超過三倍。泰勒如是開啟的「科學管理」研究，代表著著重分析、強調客觀的「左腦」型管理。同樣在二十世紀初，較泰勒稍晚，梅堯（Elton Mayo）在西方電氣公司的霍桑電話製造工廠進行實驗性研究，發現無論如何調整實驗組工人的工作條件（如照明狀況、休息安排等），該組工人的產出都顯著地高於對照組。這一系列的研究（以及統稱前述結果的「霍桑效應」），則彰顯了看重人性、強調「帶人帶心」的「右腦」型管理。

回顧現代管理歷史，不難發現，二十世紀可說是管理日漸被重視、管理理論推陳出新，而管理議題卻也治絲益棼的世紀。時至今日，許多新生的管理議題背後，問題脈絡仍與二十世紀初管理剛剛開始被嚴肅討論時，泰勒與梅堯所觀察、分析、建議者雷同。在各種管理問題解決方法所形成的光譜上，一個世紀以來，前述的左腦型管理與右腦型管理，便成為兩個非常鮮明的端點。

一直以來，人們不斷爭論著：管理到底是不是一種可重複驗證的「科學」？管理是否是一種可倚賴證照制度認證的「專業」？乃至於管理到底有沒有辦法在學校中有意義地教授、學習？左腦重理性，右腦重感性。如果從前述的左腦型管理出發，一般而言會對於這些問題給出較為正面的答案。而如果從前述的右腦型管理出發，則會對這些問題抱著較為懷疑的態度。表1對照這兩種截然不同的管理觀，同時也彙整書中提及的若干實例。

表1：「左腦型管理」vs.「右腦型管理」

管理模式	左腦型管理	右腦型管理
管理焦點	由「事」而生的「數字」	一切「事」核心的「人」
特性	客觀合理、科學管理	適情合群、人性管理
強調	分工、測量、分析、標準化、效率、最適化	情感、社交、激勵、價值觀、文化、核心能耐
本書中的例子	聯華食品用數據決定產量、IBM的量化業績管理模式、震旦行的責任中心制、中日特種紙廠的技術投資	收納小鋪的雙倍薪、杜邦替離職員工找下一份工作、日本Cybozu讓員工自選上班制、低權力距離下的瑞典企業創新文化

有較豐富職場經驗的讀者，無論從管理或者被管理的角度，都有機會分別接觸過左腦型與右腦型的管理模式；對於它們各自的用處與局限，應該都有所感。至於年輕的讀者，在未來漫漫職涯路途上，也必然有機會親身體驗這兩種大相逕庭的管理模式。

那麼，到底哪一種模式比較「好」呢？

你可能猜對了：兩種模式各有用處、各擅勝場。一個理想的現代管理者，是左腦右腦都發達、理性與感性兼具的管理者。對於當下和未來的管理者而言，若能綜合閱讀、推敲這本書中的各個案例，或能有所啟發。

四、管理要從經驗中逐步學習

然而閱讀本書的企業案例，不免有其局限。

首先，因為這本書編輯的方針，強調在有限篇幅中呈現大量案例，所以每個案例的內容較為簡短。但這在現代應已不算什麼大問題：對於任何案例有興趣的讀者，都可以透過Google，找到該案例相關的豐富資訊。

其次，無論篇幅再長、再怎麼樣深入的案例探討，都發生在過往的時空背景中，且在撰寫上必然需要設定討論的焦點。我們看不到案例「亮點」背後，組織內外的時空背景、背景中各種難以複製的交織因素。隨著時空環境的改變，同一企業維持原來「亮點」的做法也常見黯淡。大量的案例很合適拿來開眼界、長見聞；但不同時空條件下，硬要套用某些案例，照著依樣畫葫蘆，通常不濟事。

最後，也是最重要的一點，則與管理的本質有關。管理是一種漸進累積的實務；管理者依著自己的個性與組織的文化，從經驗中逐步習得管理相關的行動、控制、思考、決策、規畫、領導、交涉。這些實務面向，基本上無法由看書、讀案例所取代。就像棒球場上的游擊手，哪怕上場前把全世界所有討論站在二三壘間如何接球的書籍、文章、教案都讀熟了，如果不曾實際站在紅土場上，電光火石間接過它幾百球、漏過它幾百球，大概怎樣都難稱職。

透過包括閱讀在內的各式觀摩，所能掌握的是「外顯知識」（explicit knowledge）。而經由大量接過與漏過的球，逐漸累積起來的經驗，則叫作「內隱知識」（tacit knowledge）。管理和接球一樣，能多方觀摩當然是好事；但只有不斷將場上修煉的內隱知識和多讀多看所拓展的外顯知識結合起來，才有辦法練就真本事。

（本文作者為台灣大學工商管理學系暨商學研究所專任教授）

第1章

策略領航

01

設定目標
問對問題，才有對的解決方案

微軟首席經濟學家麥卡菲（Preston McAfee）在專訪時提到，他跟很多已投資上億美元買資料的企業談過，多數人忙於整理資料，有趣的是，常忘記自問：你想透過資料解決的是什麼問題？你想走到什麼境地？

台灣IBM全球企業諮詢服務事業群總經理賈景光以玉山銀行做金融科技（Fintech）為例，玉山銀行總經理黃男州是轉型計畫領導人。他來尋求協助時，問題已經界定得很清楚：「以前（玉山）的服務是以行員待客禮貌為出發，數位轉型之後，要把人的服務能力帶到數位上面來。」

目標設定後，玉山導入聊天機器人（chatbot）二十四小時在線上回應客戶的疑問，也很坦然的面對代價：實體分行裡的一般行員或者是電話客服人員可能被取代，但若不改變，「其他人會強迫你去做。」賈景光說。

界定錯問題，常會白忙一場。麥肯錫全球研究所合夥人麥可（Michael Chui）說，麥肯錫曾見過一家公司的轉型目標是改善客戶體驗，但衡量轉型目標的方法是用了多少科技工具，於是該公司開發了一萬隻軟體機器人，但結果卻發現，只要改善該公司的工作流程，就可以達到其原先的目的。一開始，該企業界定的問題就該是：「我要怎麼改善客戶體驗？」而非「我要怎麼透過科技改善客戶體驗？」

一點就通

- 反覆自問，定義要解決的問題，敢表態要走到哪個境地。
- 專業經理人必須冒著過渡期業績下降的風險，取得董事會與股東的支持，或是面對既有利益者反彈時，表態轉型決心。

02

多品牌策略

「糾團」用四十種品牌分散經營風險

日本流行服飾零售網站「糾團」（palgroup.co.jp）擁有超過四十種成衣與雜貨品牌，其持續增加收益的秘訣是超越經營與消費常識的獨特營運手法。

糾團並未採用如優衣庫（Uniqlo）的鎖定單一品牌布局全日本策略，社長井上隆太的理由是：「因為主要品牌一旦退流行，就會全軍覆沒。要避免這種風險，就要分散品牌。」

在成衣業界，由單一品牌為基礎，衍生出多種姊妹品牌的業者所在多有，但糾團卻認為這樣做頗具風險。將超過四十項品牌分別當作獨立企業經營，即使其中一個品牌的熱潮消退，其他品牌仍能繼續帶動流行，並補足該品牌的虧損，並立刻將退流行的品牌店面改為下一個流行品牌的店面。

一點就通

- 流行性強的競爭市場，更需要有靈活彈性的經營機制。
- 對於擁有多個事業體的企業，可藉由旗下各事業或商品的不同定位來提高營運效率。
- 分散品牌策略，要注意新品牌與原品牌的區隔，以免「同類相殘」，折損原品牌資產。

03

品牌延伸策略

《ELLE》靠品牌形象賺時尚財

品牌大都是事先經過評估規畫後，再推出商品，以吸引消費者。然而，女性時尚雜誌《ELLE》卻剛好相反。《ELLE》為法國時尚雜誌，品牌混合了女性、時尚、年輕以及國際化等形象，以年輕的職業婦女為主要讀者。

八〇年代初期，日本《ELLE》雜誌為了吸引顧客，特地製造了一系列的免費贈品，上頭印有ELLE字樣，結果，贈品深受顧客喜愛，有些顧客甚至為了獲得贈品才訂閱雜誌。也有女性顧客頻頻打電話詢問，是否可以單獨購買贈品。

為此，日本《ELLE》雜誌與當地的服飾製造商合作，為這些顧客少量製作T恤、手提包與鞋子，並以非正式的方式經營這些商品。然而，經由口耳相傳，這些周邊產品的需求不斷增加。因此，八〇年代末期，《ELLE》雜誌設立單獨的授權部門，專門負責周邊商品，並於一九九一年創辦ELLE品牌。

這種行銷策略稱為「品牌延伸」。廠商將原先只印於某個特殊產品的品牌，連結到完全不同的領域。除了時尚產業，其他產業也同樣適用。例如布蘭森（Richard Branson）的維京集團（Virgin），就廣泛應用其品牌，產品從航空事業，以至於音樂產業等。

一點就通

- 品牌不僅代表產品，更代表一種態度。你的產品可以讓消費者聯想到哪些事物？
- 品牌延伸的重點是品牌在既有基礎下追求成長，《ELLE》針對年輕的職業婦女為主，成功塑造了女性時尚形象，延伸出的時尚產品可以立即獲得認同。若進軍非相關領域，要靠原品牌概念打響名號，得深思是否具有基礎。

04

把對手變客戶

萬國行李箱賣遍一百二十國，再從品牌反攻代工

要如何做品牌？萬國通路董事長謝明振的方式是：直搗黃龍，強迫消費者認識你、接受你。他到英國買發貨倉庫、贊助德國足球代表隊與F1賽事、在世界博覽會包下廣告看板……，以此宣示：我一定要在歐洲把品牌打響！

這條沒有人嘗試過的路，謝明振花了整整十七年。在同業們眼中，謝明振有幾項令人難以超越的成就。第一，自有品牌出色，目前Eminent約占萬國總體營收六成；第二，能在市場、客群、產品定位與Eminent重疊的情況下，穩定接下新秀麗等高端行李箱ODM（設計製造代工）訂單；第三，品牌已銷售到一百二十國，更是德國最大百貨通路Kaufhof箱包類市占率第一。二〇一六年八月，他還成立德國分公司，延攬GAP法國區前執行長艾倫（Alain Moreaux）擔任營運長，打算繼續深耕歐洲市場。

他究竟是怎麼做到的？

「關鍵就是，我很勇敢的在產品上寫下自己的名字！」謝明振強調。原來，他的創業軌跡與同業完全相反——他先做自有品牌外銷，再靠設計研發能力，從競爭者手中拿下

ODM訂單，把對手變成客戶。

從一九七九年起，那正是台灣箱包業代工起飛的年代，中小型箱包工廠天天加班，外銷代工接到手軟，唯有拿出五十萬元存款創業的謝明振非常堅持：他做的箱包提袋上，一定要繡上自己的品牌。

「那時候，我常常被下游配件廠嘲笑：『老謝啊，你那個同業做代工多好賺！人家訂單一下就好幾萬個，哪像你，做什麼少量多樣？』」謝明振回憶。眼看代工大把接單，自創品牌卻乏人問津，他只好咬牙將所有訂單集中給同一家配件廠，避免淡旺季太分明：「很痛苦，但也只能回他一句：『等到最後，才會知道誰贏！』」

慢慢的，謝明振開始外銷日本，但他心裡早早鎖定的目標，是因歐盟而成為「共同市場」的歐洲。

為淡化亞洲品牌的形象，他們甚至曾到英國買下一間一萬三千平方公尺的倉庫，做為發貨據點，同時開放代理商入股，打著「來自英國的品牌」旗幟，卻成效有限。連續六年，當時年營收約六億元的萬國，每年固定支出兩千多萬元參加國際展覽，就為提高海外知名度。直到一九九五年至香港參展，德國最大百貨Kaufhof看中萬國的獨特設計，下訂了兩個貨櫃，並於上架一個月內銷售一空，才終於打進歐洲通路。

這場海外漂泊記，讓謝明振再次認清現實：對歐美人士而言，可以認可亞洲代工，卻往往對亞洲品牌心存質疑。於是自二〇〇〇年開始，萬國開始撥出年營收的三%做行銷，展開一連串接地氣的品牌活動：「我的目標，就是要你在哪裡都看到Eminent！」

他每年支出六十萬歐元（約合新台幣二千二百萬元），贊助德國足球代表隊與F1賽事，讓球場周邊、選手頭盔與服裝，都印上Eminent字樣。二〇〇〇年，德國漢諾威舉辦世界博覽會，萬國更包下由漢諾威機場到展覽會場的兩百零五個看板，布滿整條高速公路，耗資新台幣三千萬元。

「這個策略，是要用知名度去交換一種安心感。」萬國外銷部副總經理鄭子汶分析，當產品本身技術和設計都沒問題，就需要一點人性面的推波助瀾，用鋪天蓋地的宣傳，讓當地消費者熟悉品牌，覺得足以信賴，「現在，我們Kaufhof的專賣店都直接設在Rimowa（編按：德國精品行李箱代表品牌）隔壁了！」

而更令業界好奇的動作，發生在二〇〇五年——全球最大旅行箱品牌，同樣經營歐洲市場的新秀麗，竟找上身為「競爭者」的萬國代工。隨著新秀麗的腳步，包括Hugo Boss、Camel、Porsche、Tumi等各國高端品牌，也都陸續找上萬國做OEM（製造代工）與ODM，原因究竟是什麼？

「他們就是在歐洲看見我的自有品牌，所以肯定我的研發設計能力啊！」謝明振笑道。Eminent品牌的行李箱在各大通路，成為萬國的活廣告，甚至類似遍布歐洲的大型「展示間」，直接用產品的實力去和其他品牌商對話。

長年合作下來，萬國除了得到代工訂單，更大的收穫是精準掌握市場動態。研發部協理黃德丹說，一線品牌往往在全球各地都聘有設計師，觀察他們如何改良產品，解決全球消費者的問題，「就像站在巨人的肩膀上看世界，自己會得到更多。」

謝明振最常掛在嘴邊的句子，就是：「沒有品牌就沒有根！」謝明振堅信，如果安於代工，久了形同被訂單綁架；但是，傳產想在台灣經營國際品牌，也絕對不能沒有ODM和OEM能力，因為和一線品牌合作，將借力幫助你走得更遠。

例如加拿大HBC百貨集團宣布購併德國Kaufhof，萬國通路藉此將實體店一路開到加拿大，緊接著，還要挑戰業界公認最難做的北美市場。

一點就通

- 勇敢在產品上寫下自己的名字！台灣擁有一流製造技術，只要產品出色，連對手都會臣服，最後的收穫是十倍甜美。

05

在別人休兵時備戰①

海爾激活休克魚理論

中國海爾家電集團首席執行長張瑞敏常比喻，當企業資本存量占主導地位，但技術未居領先的時候，是「大魚吃小魚」；當技術超過資本價值的時候，是「快魚吃慢魚」。在當前的企業環境中，「活魚」沒有機會吃，吃「死魚」又會「鬧肚子」，所以只能吃「休克魚」，也就是那些條件好但管理不善的企業。這樣的「休克魚」一旦注入一套有效的管理制度，就會很快活起來。

張瑞敏把「休克魚」理論運用在實際情況，海爾於一九九五年收購瀕臨破產的青島紅星電器，第三個月就轉虧為盈。九七年又救活了愛德洗衣廠，只用了人民幣三十多萬就使停產一年的生產線重新運轉。九八年初，海爾文化「激活休克魚」的案例正式進入哈佛大學課堂，張瑞敏成為首位登上哈佛講壇的中國企業家。

一點就通

- 挑選合作或購併對象，先找出對方「痛點」，幫他解決問題，他就離不開你。
- 有哪些合作對象擁有你需要的設備、人才、系統等資源，卻亟待管理及協調？如果你幫他們辦到，就能整合成一個完美的組織。

06

在別人休兵時備戰②

華城抓住機會就上

二〇〇〇年十二月美國加州發生影響五千萬人的電力危機，創下了美國史上規模最大的停電事件。當時名不見經傳的台灣華城電機打敗全世界好手，緊急供應了六部發電機變壓器，讓電力緊急輸送出去，化解了加州電力大恐慌。這次大停電危機，讓華城接下美國電力公司共一億八千萬元的單，而且快速在六個月內完成，比計畫時程的八個月，提早二五％時間出貨，也同時打響了國際名號。

為什麼華城電機可以做到？因為總經理許邦福提早備料，完成半成品，才能搶先出貨。

許邦福思考的是「多五十分策略」，意思是一百分的產品品質，加上五十分的服務。在別人過年、過耶誕節時出擊服務。別的廠商平常不肯做維修，而他偏偏最愛在「過年時」去維修。過年服務還有一個好處，就是平常去找高層很難找得到，過年高層沒事就會出來監工。見得到老闆，就有下一筆生意的機會。

許邦福還有一套「蘋果樹邏輯」，他說：「只要按部就班去耕耘，到時候老天一定要給你蘋果。」因此他在景氣不佳或旁人不看好的時機勇於播種。不只全年三百六十五天，全天二十四小時人員待命，工廠內還備有緊急復電設備，一旦停電，就是嶄露頭角的機會。

▼一點就通

- 如果你的生意已有很多人做，記得把服務擺在做生意之前。
- 隨時做好出擊準備，總有突擊成功的機會。

07

侵略式服務

華德客戶服務一次到位

全球最大的耶誕燈串插頭業者、華德電子創辦人顏瓊章十九歲退伍創業，成立華德電子，投入耶誕燈串的生產，之後轉型投注於耶誕燈串插頭。耶誕燈串插頭一度將近七成。

原因其一是華德的技術領先，但更關鍵的是，對耶誕燈串業者而言，華德幾乎是全方位提供者，讓業者只能依賴它。這就是華德的「服務侵略」策略。

舉例來說，當時所有台灣耶誕燈串業者要出貨到美國，都必須通過美國安全檢測實驗室（UL）認證才行。但是，認證過程繁複且耗時，經常得跑個三、四次才能通過，華德即自願免費代客戶辦理認證。此外，客戶要組裝耶誕燈串時，經常必須分別向電線、插頭與塑膠料等工廠購入半成品。華德只須客戶提供所有半成品的型號與供應商，就會將所有半成品備齊，並做初步組裝。客戶只要開一次大門，所有半成品就全數到位。

一點就通

- 侵略式服務是幫客戶做好麻煩事，無論是產品或服務，如果能提供更完整的解決方案，讓客戶可立即上手，就能提高你的競爭力，也增加客戶轉換供應商的成本，久而久之，客戶就跑不掉了。

08

九敗求一勝

全家：不斷出招就對了

全家便利商店起步時就晚了統一超商十年，當年同時起步的安賓（ampm）、福客多等後來都相繼退出，為何唯有全家還能存活，且後勁越來越強？會長潘進丁說，原因是全家一路「不斷出招」，當時全家若安於一直當老二，一定會被老大的聲量淹沒掉，「只有這樣，同仁們才能看到超越老大的希望！」潘進丁說，「我不認為我們是老二，比較像是跑一場速度很快的馬拉松。」

他的招是什麼？「犯錯」領導學！

潘進丁說，失敗不代表「全盤皆錯」，之前全家曾經賣手機大虧，吃掉當年獲利的十分之一；經過檢討，改變物流模式、降低庫存風險後，後來開賣華碩智慧型手機就十分成功，「一般公司早究責了，但我們並沒因為曾經失敗，就不敢再嘗試在便利商店賣手機的可能。」他強調。

甚至，全家內部升官的潛規則是犯的錯越大，官升得越高，因為潘進丁重視犯錯所帶來的寶貴經驗，「所以，（前副總經理）葉榮廷以前賣手機虧了一屁股，這回就升董事長了！」全家執行副總吳勝福說。

潘進丁常鼓勵犯錯的主管，致勝的創新絕無可能一步到位。但也有他無法原諒的錯誤。「如果犯了錯，卻不把問題實際狀況說清楚，有所隱瞞，沒有誠信的話，這就比較不能夠原諒，」潘進丁說。

潘進丁說，他帶團隊，最怕大家因害怕失敗、擔心獲利難看，不敢出手。「因為你只要不做，當然就不會出錯！」如果這樣的企業文化形成，不用期待全家有挑戰老大的企圖心。

吳勝福曾提案出版旅遊誌，潘進丁要求從成本、庫存、到打算擺在櫃台的哪邊賣、為何非得自己出版不可等，一連串理由都要交代清楚。如果思慮清楚，行動力十足，最後卻犯了錯，潘進丁非但不會把犯錯的人拉出去「斬首示眾」，反而站在第一線，幫同仁化解錯誤造成後的殘局。

全家的點子王王啟丞在二〇〇五年因銷售芋頭酥所犯下的大錯，讓消費者無法在中秋節送出，導致客訴不斷。為此，時任董事長的潘進丁，罕見在一年一度的加盟商大會上，親自向加盟主道歉。這等於是向全家全體員工宣示，別怕犯錯，因為犯錯是創新最重要的養分。

一點就通

- 別怕失敗，「少做少錯、不做不錯」的心態只會讓你被對手甩得遠遠的。

09

彈性化經營模式

便利商店學量販店銷售組合

在中國開超商最大的問題往往是展店與獲利。而號稱「小潤發」的喜士多，沒有最大店面與最多店數，卻能在眾多的合資超商中率先達到損益兩平。

喜士多先根據單店單日營收設定租金上限，再據此換算出開店面積。一旦不符合獲利原則，即將大店切割，轉租店中店，因此，在喜士多店內常見鮮花、水果等其他小店。精確的控制管銷成本，是喜士多最快讓門市獲利的方式。

喜士多與一般便利商店最大的不同是採用量販店的銷售組合策略，進行各店產品差異化，經過單品管理分析，因時因地，快速調整進貨品項，讓每一家店發揮最大坪效。根據每日進貨產品的毛利換算，每一家不同區位的店家，都可以根據自己的特色，經營出最大毛利。

一點就通

- 用A模式的產品思維經營B市場，可能搏出另一片天。
- 先確定獲利率，再決定該做哪些事才能達到，也是一種經營思維。

10

先想最壞的結果

Garmin 做決策時，先自問兩大關鍵問題

台灣國際航電（Garmin）董事長高民環，每次要做決定時，都會想到當年創業夥伴、公司副總裁蓋瑞（Gary Burrell）給他的兩句忠告，也是這兩句話，一次次幫助他做出關鍵決定，改變了他的命運。

一九八九年，他和好友蓋瑞吃飯，蓋瑞告訴他想辭去工作，專心在教會傳道，「為什麼不創業呢？」高民環問，蓋瑞笑了笑說：「除非找到像你這樣的夥伴，我才會創業。」兩個人一拍即合，開始創業。蓋瑞年近五十，看過美國景氣的起起伏伏，每當高民環提出新公司營運的想法，蓋瑞一定會追問兩個問題：「如果這麼做，遇到不景氣，會怎麼樣？（What if we have a recession）」「如果這麼做，對手卻突然推出殺手級應用，我們會怎麼樣？（What if competitors come out with a killer product）」高民環說：「這兩個問題，是我得過最重要的忠告。」

反覆思考這兩個問題，高民環悟出三個經營公司的重要原則：「第一，對現金要節省，」「第二，對設備和人才要積極投資，」「第三，公司必須發展面對變局的彈性。」

「不是光靠這兩句話，就能帶來戲劇性的影響。」高民環說，是靠每天不斷討論、實踐，才造就今天的結果。但是，這兩句話就像指南針，替他指出了經營公司的核心價值。這兩則忠告，他會一直放在心裡提醒自己。

一點就通

- 沒有任何事是永恆的。在想贏、想賺大錢之前，必須為可能的失敗做好充分準備。
- 踏出去一步之前，要先把後路想好。

11

直接從源頭下手

摩克動力從配角變關鍵資源

台灣的摩克動力提供的是包車接送服務，一般港澳旅行社會找台灣旅行社幫忙解決自由行旅客的交通問題，等於是由旅行社賺一手。為拓展包車旅遊市場，摩克動力主動出擊，直接接洽港澳旅行社，也提供合作誘因：直接與摩克合作，能抽取服務利潤，讓旅行社獲得機加酒之外的利益。

當租車同業仍死守著台灣市場時，時任總經理的徐龍翔報名參加香港人旅展，是展場中唯一的交通服務業者，也與香港機加酒自由行出團量最大的香港專業旅運公司結為合作夥伴。

一點就通

- 提升自己被利用、被需要的價值，成為舉足輕重的配角，就能占領一片藍海。
- 下游廠商可以跳過中間人「力爭上游」，少被侵蝕一層，利潤就多一層。

12

跨界學賣點
腳底按摩店也有高品味

按摩業被認定是較古老傳統的行業，要改變形象並不容易。全台營收第一的六星集養身美容集團為了扭轉觀感，取法高端服務業，主打女性和年輕消費族群，成功闖出一片藍海。

六星集訴求養生、空間明亮、精緻服務，加上價格合宜，與傳統按摩店明顯做出區隔。經營花店起家的總經理江慶鐘指出：「傳統按摩店重生理療效，我們主打心理紓壓。」置物鞋櫃旁布置了綠色植物香水百合；顧客上門則奉上花草茶。最特別的是對從業人員的高標準要求，六星集的員工工作手冊有許多特別的內規，包括「按摩師傅要背最新的匯率、股市指數和黃金價格等金融指數，以應對商務客人」、「學習茶道，透過茶道禮儀提升服務禮儀」，第一線服務人員與顧客接觸時都能表現高品味形象，也能提升整體滿意度。

一點就通

- 產品創新的契機常常在別的產業裡出現，別人的方法，儘管挪用。

13

數位轉型

勇敢放棄大眾市場，ＩＢＭ華生實驗室做深耕生意

ＩＢＭ華生（Watson）實驗室總裁肯尼（David Kenny）原本是電視頻道商的執行長，總部位於美國亞特蘭大的氣象頻道（The Weather Channel）是個三十五歲的老牌電視頻道，整個頻道只播氣象預報、跟氣象相關的新聞、科學與娛樂節目。二〇一二年初，肯尼被挖來擔任執行長時，這家企業正面臨電視觀眾被網路瓜分、人們開始從手機查氣象資料，而不看電視預報的窘境。

肯尼一上任，就決心轉型。他買下連線了上萬座個人氣象站的Weather Underground，取得氣象資料來源；另一則是買下專門對媒體提供氣象資料的Weather Central。

他同時換掉營運長、資訊長兼技術長等高階主管，從彭博與Viacom挖來營運長跟廣告業務主管，針對企業進行大改造。上任不到十個月，肯尼主導公司更名，從氣象頻道改為氣象公司（The Weather Company），宣示公司業務要蛻變成可向全球發布氣象資料的科技公司，稍後更將公司分拆為電視與數位兩大事業體。

然而，兩大事業體的轉型經營，也經過掙扎摸索，最後，肯尼才領悟：拋棄做大眾市場

的思考，才能贏得更多。

肯尼面對原本每況愈下的電視事業，為了擺脫收視率掉兩成、收視戶數掉一成的困境，也是從留住大眾客戶思考。他挖角明星氣象主播，甚至推出實境秀，反而遭系統業者下架。同時，另起的數位內容部門，仍多把資源放在透過病毒行銷衝流量，縱使內容與天氣無關也照推，但這仍無法回饋顯著獲利。肯尼還嘗試讓兩個部門之間發生綜效：比如，讓數位內容部門製作短片，在電視頻道播放，也是成效不彰。

眼見大眾市場已無法帶來獲利。肯尼在內部再宣示：要成為一個傳遞專業氣象資訊的科技公司。他毅然大砍電視部門成本，不再高調衝刺收視率。這是個被評為拋棄本業的決定，但肯尼明白：若自己一直在拯救電視業務的角度上掙扎，就會錯過另一個高成長其業務的機會。

氣象公司把資源壓寶在高品質氣象資料的取得。比如，藉由購併，其在智慧型手機、手錶、雨刷、飛機上新增物聯網感測器，大幅增加所取得的資料量，「過去我們提供兩百萬個城市或鄉鎮地點的位置天氣資料，現在已經達到三十二億個地點。」肯尼說。

他也讓數位內容部門放棄衝刺流量，深耕氣象技術：繪製出大氣層的專業地圖。

最後的結果很美妙：氣象公司的資訊夠專業。二〇一四年，該公司與蘋果（Apple）達成協議，取代雅虎（Yahoo）成為新 iPhone 出廠時內建天氣 App（應用程式）的資料提供者，之後又成功打入 Google 的 Android 系統，為全球幾乎所有智慧型手機提供天氣預報。

它的大氣層地圖軟體，在二〇一四年時就有半數的美國航空公司飛機使用。隨著風能、太陽能產業發展，後來，其分析業務還打進了保險業。甚至，這些資訊還回饋至其電視媒體業務上。當其電視節目不談娛樂，而強調專業預測後，收視率反而開始回穩，甚至訂閱費率也上升，成績頗為亮眼。

肯尼只花三年就讓公司成功轉型為科技公司，亮麗成績單，很快被列入哈佛商學院教案。最後讓ＩＢＭ出手購併，還邀請他出任ＩＢＭ最指標性的大腦——華生實驗室的總裁。

一點就通

- 只要你能辨識出自己最具價值的核心在哪，拋棄大眾思維，一心一意深耕下去，在數位轉型過程中，還是有機會成為大家爭相合作的對象。

14

發揮品牌力量

老牌蛋糕砍掉重練，二十個月從破產變大賺

美國三起三敗的國民點心品牌雙奇思（Twinkies）浴火重生，但復興關鍵並非獨門管理秘技，在於品牌本身就是寶，識貨的新東家恰是撿到現成便宜的大贏家。

這家老字號奶油夾心蛋糕製造商，在二〇一二年感恩節前夕發完獎金後終止生產線；隔年四月，兩家私募基金出價四億一千萬美元聯購；七月重新上架；再隔一年就創出近一億八千萬美元的息稅攤提前獲利。

《富比世》追蹤其中秘訣發現：原來一切歸零才是再出發的契機。金主之一賈沃（Andy Jhawar）說：「這家公司徹底倒閉，員工數，零；工廠數，零；資金，也是零。我們看到接手偉大品牌的機會。」

雙奇思破產前年營收十億美元，退休金支出就超過九億美元，外加二十五億美元舊債，業主毫無餘裕提升生產效率，只能任憑十四家工廠內的九千名員工「慢速手作」；再把工會罷工算進來，一名員工一天只做百來個蛋糕。

新主上任後，先是斥資上億美元自動化五處生產據點、庫存與物流管理系統，並重聘

一千名員工；大砍為保有賞味期所定的五千條配送路線，改成單一倉儲，因為在新老闆眼中，單價才新台幣九元的產品全年配送成本竟吃掉三六％營收，實在不合理。

千瘡百孔的生產力終於修補完成，如今的雙奇思只留下戰鬥力最強的五百名員工，每人一天製作兩千多個蛋糕；在不走味、不變質的基礎上，調整原料配比，讓保存期限延長一倍多，配送成本不但降至僅占營收一六％，涵蓋區域更廣泛。最重要的是，死忠蛋糕迷一直都在，破產事件則成了飢餓行銷的最強武器。

一點就通

- 老字號好品牌，能大幅省下行銷力氣。但品牌的建立，也要靠一點一滴的累積，不要忽視品牌的價值和力量。

15

用代工養品牌

賀盛專心當「技術狂」，做品牌當展示台

賀盛塑鋼在全球高檔行李箱拉桿和輪子分別擁有八五％與七〇％市占率，來往客戶多為LV、Prada、Goyard、Berluti等一線精品。吳禎權一手打造賀盛塑鋼，自二〇〇六年與LV共同開發行李箱，包括新款的Horizon 55系列行李箱加長寬度的「M型拉桿」。但吳禎權還是費工自己去打造Departure品牌，為什麼？

「我很清楚，做品牌不可能馬上看到效益，我準備讓它燒個十年沒關係！」吳禎權直言。自創品牌起因於二〇〇八金融海嘯那一年，全球經濟衰退，也連帶衝擊精品產業銷量。某次開發會議中，他照例拿出新研發完成的得意之作「專利彈性靜音輪」，品牌方卻坦言想節省成本，打算回頭使用舊款PVC輪就好。

「我當下愣住，PVC輪我都多少年沒做了！」他回憶。

一來，當時客戶無法負擔新品，導致賀盛廠內近五十名研發人員無用武之地，他必須得為這批人的產能找到出口；二來，客戶最怕客訴，設計產品時的態度普遍保守，就算合作多年，也很少立即採用賀盛的最新研發。

兩件事情加起來想，讓技術狂熱的吳禎權靈機一動：「如果我自己有產品，不就可以立刻把最新技術的行李箱提供給消費者了嗎？」

他與年資十五年的賀盛業務、現任 Departure 品牌經理陳鳳華一起做品牌。陳鳳華透露，當年的賀盛由於技術門檻高、產品供不應求，業務幾乎不用出去跑客戶，天天在電話前等接單就好，於是她選擇勇敢離開舒適圈。

然而，用賺錢的代工來養燒錢的品牌往往導致部門間紛擾不斷。但陳鳳華透露，吳禎權一開始就下達指令另組一個年輕團隊，直接將「代工」和「品牌」區隔開，兩線直接向他彙報。如今，雙方僅需每月召開兩次會議，討論新品設計、針對消費者客訴調整即可。

又例如，不懂品牌又忍不住下指導棋是許多老闆的通病。對此，他將 Departure 全權交給陳鳳華，以及一批由社會新鮮人培養起、平均年齡不到三十歲的生力軍，如今已連續五年營收成長二〇％以上。「老實說，我常常一個月來店裡不到一次，」吳禎權笑道。

品牌塑造他不管，最在意的就是技術。

陳鳳華透露，Departure 做出的每一款行李箱，光打樣階段就會被吳禎權退件八次以上，好不容易做出「原型機」後，一律先送到他家中，再由這位每週至少搭兩趟飛機的董事長，親自測試兩個月以上。曾有一次，過程中出現異常，吳禎權發現輪子推起來卡卡的，似乎四個輪子沒有均勻受力，「他用不著打電話，人還在旅途中，十分鐘內就可以用 WeChat 和 Line 群組召開公司會議了！」

原來，只是「輪子不好推」，背後可能牽扯到很多原因，包括軸心偏離、密合度不夠、工人組裝時沒有合乎水平等，必須用最快速度層層追溯上去，檢討所有生產線，確認是哪個環節出錯。緊接著針對問題重新開模，一套普通模具約新台幣十萬到十五萬之間，若是精品客戶要求的特殊材質，一套數十萬美元上下也屬正常。每一年他平均開八百到一千套模具。

「產品品質沒弄好，那我真的就會罵人了，」吳禎權說。

自二〇一一年誕生迄今，Departure 已創立滿七年。「賀盛能持續投入品牌，真的不簡單！」長年為 Tumi 代工軟箱、也經營自有品牌 Pegasus 的特偉貿易副總經理佘麗珠指出，傳產業者的習慣，往往是「代工不太好，跑去做品牌；訂單回來了，品牌又放一邊」，能不受訂單起伏影響而堅持的屈指可數。

「老實說，Departure 就是我的出海口加實驗場，」吳禎權總結，用自己的產品，第一線觀察消費者需求後，即便生意不好，那些研發和努力也並非白費，而是回饋到 2B 訂單上，為代工加值。

他坦言，Departure 至今尚未獲利，但每逢在機場親眼看見旅客推著D字 logo 行李箱登機的成就感，是過去無法想像的。

▼ 一點就通

- 代工廠的市場風險固然較品牌廠低，但若能親上市場第一線，就能提早掌握消費者需求，做出領先性產品，更有助抓牢品牌客戶。

16

鎖定小眾市場①

決定走自己的路，馬自達谷底翻身

日本二〇一六財會年度，馬自達是八大車廠全球銷售成長率最高的一家，也是唯一在日本市場銷售成長的車廠。金融海嘯後不到七年時間，能在眾多車廠中突圍，是因為馬自達在谷底時，選擇了一條與主流不同的道路。

當市場主打油電混合車，豐田（Toyota）甚至喊出將於二〇五〇年前，停止販賣純汽油引擎車款時，馬自達是唯一一間主打柴油引擎的日本車廠，旗下超過七成車款有柴油車型；當日產（Nissan）新一代車款將搭載自動駕駛技術銷售時，他們卻僅將自動駕駛定位為「輔助」角色。這都是因為馬自達要的是「享受開車過程」的顧客，而非將車子做為代步工具、最大眾的市場。

馬自達走非主流的路，是因認清自己的「小」，不可能與豐田、本田（Honda）等巨人級對手正面對決，馬自達選擇「熱愛駕駛」的小眾市場。產品戰略部長小島岳二說：「我們只求每一百個人中，能有十個人是熱愛我們的粉絲。」

二〇〇八年金融海嘯，該年全球汽車銷量衰退約六％，又適逢福特撤資，屋漏偏逢連夜雨的馬自達卻未採取守勢，反而踩緊油門，展開從引擎、底盤、車身架構到外觀等，整車重新研發的新世代改款計畫。

那時候公司內所抱持的精神是Change or Die（不改變，就陣亡），這一波研發改款，從引擎節能、車身減量到扭力與性能均提升，讓油耗降低約三成，這改觀了消費者對馬自達的印象，是該公司成功再起的一大關鍵。

整台車從引擎到外觀均重新研發設計，等同從零開始。為了貫徹改變，該公司負責研發的董事藤原清志，當時第一步，是打破工程師心中被常識所困囿的障蔽。

「我是來抹除你們既有想法的，我是個破壞者，」當時藤原對所有的工程師說。他舉提高引擎的壓縮比為例，該數值越高，代表引擎效率越好、越省油，但同時也會使引擎內的壓力與溫度升高，容易爆震。但他不願妥協，一直反問自己：「為什麼把壓縮比提高就會爆炸？事情一定是這樣嗎？」藤原與工程師們反覆測試後終於找到方法，讓馬自達擁有全球最高的引擎壓縮比。

一點就通

- 轉型是近二十年台灣產業普遍面臨的問題。但轉型時，我們曾經抱著「Change or Die」的決心嗎？
- 面對困境時，權衡現實、掌握自身優勢，做不了第一，就立志成為「唯一」。

17

鎖定小眾市場②

Adobe敢得罪九成用戶，才能過濾出忠實客

軟體廠商奧多比（Adobe）的轉型是從盜版危機開始。過去奧多比跟微軟等其他大廠一樣，面臨了免費軟體崛起，和用戶越來越不願意付費購買套裝軟體的壓力。

原本，奧多比每套軟體售價約新台幣三萬元起跳。按理來說，用戶每過一年半到兩年，就得付費購買新版本，但事實上，現有的軟體功能常讓消費者覺得夠用就好，而不肯付費升級，一用就是四年以上。眼見原本的營運模式越來越行不通。二〇一三年五月，該公司竟大膽拍板定案：全面轉換成訂閱制度。

新的訂閱制度是：讓消費者逐月或是逐年繳交訂閱費用，每月費用在新台幣三百二十元到一千六百元不等換得軟體使用權。

這在當時是極大震撼。根據科技媒體《CNET》二〇一三年的線上調查，只有八%的奧多比套裝軟體用戶願意轉成訂閱制。網路上共有五萬人參與連署，要奧多比不要轉換成訂閱制，連署發起人史考夫史東（Derek Schoffstall）說：「奧多比此舉，讓本來就很貴的產品，長期來看變得更貴，這是在剝削小公司、自由工作者和一般用戶。」

大家要求，奧多比應該有新舊模式並行的過渡期，而不是這麼果決的轉換到新模式。但奧多比執行長納拉言（Shantanu Narayen）卻不肯，他說，「試圖在舊模式和新模式之間取得平衡，只會限縮我們發展新模式的空間。」

奧多比財務長加勒特（Garrett）將這種果決心態稱之為「燒船」（burn the boats），典故取自於征服者威廉率羅馬大軍渡海遠征英國，他上岸後就一把火燒掉船，形同告知所有船員，一旦你戰敗，將無路可退。

「我們覺得訂閱制，比之前那種看不到盡頭的（銷售）模式好，所以我們決定把船燒掉。」奧多比其實意在透過這個訂閱新制度，做出取捨，找出真正的核心客戶。

史丹佛大學講師布蘭克（Steve Blank）指出，奧多比想得清楚，這個新的商業模式會排除掉獲利空間較低（low margin）的消費者，但可以優化長期的營收和獲利。奧多比得罪了散戶，專注於企業端的專業用戶，這些企業用戶透過訂閱制，每月可獲得更多、更新的功能和更全面且即時的客服支援，這些用戶相對不在意價格調整，還會覺得奧多比新增的功能越來越多，軟體變得更好用。

奧多比轉換成訂閱制度後，跟消費者打交道的頻率，也從一年半到兩年一次，變成每月一次，「轉換成訂閱制後，帶給我們的一大好處是，我們可以跟顧客建立直接的關係，顧客現在可以給我們即時回饋，我們可以了解是誰在用奧多比，及他們想要怎麼跟我們交易。」納拉言接受《CNET》專訪時表示。

但奧多比因應新的商業模式，組織掀起大變革。改成訂閱制後，形同每個月客戶都會經歷一次心理決策：是否要埋單奧多比的產品，我對這個商品是否真的夠滿意？這讓奧多比的產品開發部門必須不斷進步，速度比過去提升六倍，以滿足客戶需求。

市場研究公司ＩＤＣ資深市場分析師蔡宜秀指出，像奧多比這樣把主控權交回終端使用者手上有好有壞，好處是有利於廠商經營客戶關係，壞處是必須增加產品開發和客戶服務的成本，但如果做得好，顧客會更離不開奧多比。

從一次收筆費用，到逐月建立關係收費，改革過程中，奧多比在二〇一二年到二〇一四兩年間，其淨利大減六七．七％，直到二〇一五年才恢復到二〇一二年七成的水準，因每季訂閱戶數成長，呈現正向循環，股價因此創新高，而砍掉重練的結果證明，每名用戶的含金量還因此提高。

二〇一六年第一季，奧多比的每用戶平均收入（ＡＲＰＵ）是三年前的三倍，短短三年，奧多比已有七百萬名訂閱用戶，相比過去二十餘年累積的一千二百八十萬名用戶，訂閱用戶成長速度驚人，呈現了正向循環。

一點就通

- 要進入會員經濟的世界，你得擁有壯士斷腕的魄力。你越大膽，越早去過濾出自己的忠實顧客，顧客也會用你想像不到的報酬回報你。

18

團結力量大

國際戰打群架，產業連結創造共榮傳奇

二〇〇三年，台灣自行車產業受到中國崛起打擊，年產量從一千萬輛，掉到四百萬輛，產業面臨極大的崩解壓力，產業龍頭巨大前董事長劉金標危機感最重，主動拋出結盟的想法，願意和對手美利達攜手合作，自行車兩強結盟後，遂將自行車上下游業者組織在一起，而形成了自行車產業的跨公司組織 A-Team。

為了迎戰激烈的國際戰爭，A-Team 成軍後，台灣不少產業也興起了「Team」風潮，以「打群架」的模式，成立產業梯隊，比如運動健身器材的 S-Team、工具機聯盟 M-Team、水五金聯盟 R-Team，手工具聯盟 T-Team，以及航太產業的 A-Team 4.0 等。

然而，產業界結盟，實非易事，在捉對廝殺的商場上，什麼樣的力量，才能讓一群競爭者願意放棄一點私利，結為「共好」聯盟？

M-Team 則最早是中精機董事長黃明和未雨綢繆，體認到產業再不合作，會被國際大廠擠壓生存空間，當時，工具機產業表現佳，並沒有立即危機，但曾經經過倒閉、股票下市風波的黃明和，危機感很強。

黃明和發現，台灣工具機在國際市場「前有餓狼，後有追兵」，「餓狼」指德國、義大利、日本等工具機大國，除了高階產品，往下生產中階產品，侵蝕台灣市場；「追兵」指韓國、中國，從低階產品開始往上生產中階產品，同樣侵蝕到台灣。

「品質是日本的八成，價格是日本的一半，」中衛發展中心處長張啟人說，這是台灣工具機產業的國際競爭力，但當「餓狼」與「追兵」開始往下、往上追趕時，台灣遲早會面臨生存危機。

於是，中精機率先伸出友誼之手，與同樣成立五十多年的永進，共組聯盟，這兩家因彼此競爭關係，自成立以來，從未往來，在二〇〇六年一場工具機高峰論壇，宣布成立聯盟。

無私是最困難的事，卻是產業聯盟成功的最重要因素。A-Team 為例，巨大、美利達一開始在彼此重疊度只有三成的情況下，相互觀摩，十幾年下來，兩家工廠不斷進步，最後雖成為很相似的企業，但，彼此營收卻不斷成長。到二〇一六年，巨大營收五百七十億元，成長兩倍多，美利達營收二百二十九億元，成長近四倍。

M-Team 也是如此，中精機先把自己的「門」打開，這門，指的是工廠大門，讓同業參觀生產線，中精機先讓對手永進參觀工廠，接著，永進也讓中精機來參觀，兩家大廠「突破」禁忌，彼此互看工廠，產業界連結的風氣就此展開，這就是無私。

一點就通

- 台灣中小企業打國際戰爭，勢單力薄；不如放下壁壘，連結合作，共同學習成長，把餅做大，創造雙贏共榮。
- 靠團隊增加續航力：靠觀摩一起進步，逼自己練別人學不走的能耐。

19

酵母哲學
幫別人成功，自己也壯大

精釀啤酒蔚為風潮，要歸功於波士頓啤酒公司。創辦人庫克（Jim Koch）從美國最小的釀酒業者開始，一路堅守源自德國純釀法的家傳配方，使其品牌「山姆亞當斯」（Samuel Adams）獲「美國最佳啤酒」、前進白宮成為美國前總統柯林頓的最愛，出口成為「德國唯一的美國啤酒」，最後壯大為美國數一數二的精釀業者。

「任何企業要能在市場上競爭，不是賣的產品比同業好，就是產品的價格更低，或是兩者兼具。」庫克從為美國工業巨擘奇異等顧問經驗中領悟，提供更好品質，比更低的價格更有吸引力。因此他老早就確立，只做比其他競爭對手更好的啤酒，只賣給對的酒吧。

多數人還是想喝價格更低、風味較淡的大眾啤酒。他知道，只有某一些人會真正欣賞風味較濃的獨特精釀。因此初期，他和夥伴鎖定一百家名聲較好、顧客走在市場前端的酒吧及餐廳，包括高級酒店麗思（Ritz Hotel）、四季飯店。

庫克相信，銷售的目的在幫助顧客達成他們的目標，而非自己的。如果公司供應的產品能幫助酒吧顧客滿足其客人的需求，符合顧客長期最大利益，公司長久下來也會獲得最大利益。反之，當酒吧的主顧客只想要便宜的啤酒，不是適合公司的客戶，就要犧牲短期銷售的機會。

當市場上只有自己一家精釀啤酒業者時，生存很艱辛。但隨著山姆亞當斯越來越成功，引領其他人開始投入，庫克開始體認到這「有助於創造更大的市場，並且開始改善整個環境，就像酵母菌在發酵過程中，會幫助其他酵母菌發酵。」

二〇〇八年啤酒花歉收，全球供應量驟減三、四成，較小型業者不是只能買貴得嚇人的啤酒花，就是根本買不到。當時，波士頓啤酒公司盤點庫存及自身需求後，撥出了四萬磅啤酒花，以成本價賣給兩百家有急需的同業。為此，他們還停產一款啤酒花很重的啤酒，只為了多幫忙其他對手。

「越多人受惠於你的成功，你就有機會獲得越大的成功。」庫克指出，美國目前有六千家精釀啤酒廠，市占率合計只有全美啤酒市場的一二%，他相信光在美國，精釀啤酒這個分眾市場還可以翻倍。「我們的挑戰不是從其他業者那裡搶顧客，而是為我們大家創造更多喝精釀啤酒的顧客。……當啤酒裡沒有足夠的酵母，發酵就不會成功。」

庫克很清楚，讓更多業者創造更多新顧客、同時製造讓每個人進步的良性競爭，建立對精釀啤酒界有利，合作又競爭的環境，這是對公司最好的成長方式。

因此，他們推出「山姆亞當斯釀造美國夢」計畫，提供兩萬五千美元以下的小額事業貸款，幫食品餐旅小型事業主扎根。近十年來，已發出一千三百筆、總額累計近一千八百萬美元的貸款。更提供顧問輔導服務給七千家小型事業主，其中約有四百家是精釀啤酒同行。

「我想要成為催生這些美好啤酒的釀酒人。」如同他的名片頭銜，自始至終都印著「釀酒人」，他對精釀啤酒的熱情依然不斷在發酵。

一點就通

- 提供更好品質，比低價更有吸引力。
- 如果你有能力改善同業經營環境，有助於創造更大的市場，就讓自己做那隻酵母菌吧，製造讓每個人進步的良性競爭。
- 越多人受惠於你的成功，你就越有機會獲得越大的成功。這是最好的成長方式。

20

找出市場縫隙

從「別人不做的」贏起，飛捷成全球第三大POS廠

飛捷科技是台灣最大、全球第三大的端點銷售系統（POS，Point of Sale）製造商。在台灣，從寶雅、星巴克、王品集團、到優衣庫，用的機台都由它生產，強占零售餐飲業POS的龍頭地位，在台市占率逾四成。成立三十二年來從未虧損。近五年營收維持約一〇%以上年成長。全球出貨市占率約一三%，緊追大廠東芝（Toshiba），和NCR之後。

不過，飛捷專做硬體設備的OEM、ODM，不做自有品牌，更不生產POS周邊產品，例如錢箱、發票列印機等，也不做軟硬體整合。這策略與東芝、NCR、振樺電等，品牌、軟體、硬體都做，非常不同。它建立起POS產業的供應鏈平台，自己是「中央廚房」，向上游購買原料製造產品，出貨給中盤商，再由其發派到各個不同品牌的餐廳。

一九八四年成立的飛捷，從主機板、個人電腦起家，二〇〇〇年，轉進工業電腦中的POS系統產業。當時POS產業規模極小，工業電腦代工大廠如廣達、仁寶、英業達等，對這塊小餅興趣不高，台大電機系出身的飛捷董事長林大成，決定全力進攻此缺口。

考量資源有限，他集中火力只做硬體系統，不做系統整合，不做軟體，更不做品牌。除

硬體以外都和別人合作。所以對手要花兩、三年才能投資一個機種，飛捷就加倍投資，開發一台機種，動輒得花五、六百萬到上千萬元，一年就開發兩到三個機種，快速累積產品規模。這個專注製造的策略奏效，十幾年來每年維持逾三〇％毛利率，年營收更從十六年前約四、五億元，到二〇一六年已有五十六億元。

即使營業規模擴大，飛捷仍不走東芝、NCR同時做軟硬體開發與系統整合，能提供全套解決方案的路。大廠品牌能掌握如銀行、好市多、沃爾瑪等大型通路，但產品售價相對高，小型零售業者難以負擔。而全球的餐廳、連鎖店、街邊店、手搖店等，只需要少量多樣的客製化POS機台，而大廠因為業務多元，POS只占其營收一小部分，無法投注太多資源在小型訂單，飛捷就專門吸收這類市場需求，跟不同的系統整合、通路商合作，蠶食大廠無暇顧及的業務。甚至也能接例如NCR等競爭對手的代工訂單。

「只做代工，國內外的同業都是合作夥伴，」林大成強調，雖然必須與下游業者分享利潤，但優勢是，雙方以策略聯盟合作，技術經驗共享。雖然毛利率相較自有品牌廠低，但省下廣告行銷、管理通路等費用，淨利率卻與其相當。

要專攻少量多樣客製化產品，他建立的門檻是：強化研發，甚至從產品設計源頭，就開始做「售後服務」。飛捷的主要市場集中於北美、歐洲、非洲，占比高達近八成；歐美當地人工維修成本極高，以北美來說，單趟到府維修費用，就得花上約新台幣八千元，「只要你能幫客戶省掉這一段（困擾），無形中就能增加產品的競爭力。」例如，一般機器，得用到至少三、四十顆螺絲才能組裝，拆卸組裝都很耗時間，飛捷八年前開發新機種，只須扭動兩個把手就能掀開；再配合內部配備模組化，一有故障，只要寄送新配件，營業員就能自行更換，不僅省下高昂的維修費，維修時間也省了一半。

「將來的生意，不是爭取一張訂單，而是要建立價值鏈，從設計、製造、銷售、服務，都要能掌握，」飛捷科技總經理劉久超表示，飛捷在全球市占率已與第二名相當，下一步目標是「坐二望一」，而對飛捷而言，奪冠之路將不是獨行，而是偕伴共贏。

▼一點就通

- 卡到一塊藍海市場，不必貪多也不必貪大，只要做到無人能敵，強化自己的價值，便能確保市場競爭力，在小池塘當大魚。

21

風險管理

站在巨人肩膀上，確保走在對的道路

佐臻科技公司深耕台灣智慧眼鏡市場五年，不僅做Epson、聯想、英特爾等大廠的生意，並將智慧眼鏡的應用推廣至台大醫院、台北醫學大學、亞洲大學與中國國家電網等單位，是兩岸最大的智慧眼鏡設計商。

佐臻成立二十年，最早為ＩＣ通路商，十年前轉型做無線通訊模組，一度成為亞馬遜平板電腦Kindle的供應商，但毛利低，不利公司體質，因此董事長梁文隆自二〇一一年後布局第二次轉型，從設計僅有連網功能的無線通訊模組，升級為結合ＣＰＵ（中央處理器）、記憶體、電源管理等功能的系統晶片模組。

兩度轉型升級，佐臻的第一個心法是股權結構單純，才能義無反顧，避免企業中長期利益與股東短期利益衝突。

但企業主的義無反顧，若壓錯方向，將成災難。因此佐臻轉型的第二個心法，是站在巨人肩膀上，確保自己走對道路。

佐臻第一次轉型是與半導體大廠德州儀器合作，開發無線通訊模組；第二次轉型，也先

搭上 Epson 等大廠，不僅站在巨人的基礎上練功，更能迅速累積信譽。

一開始雖是因研發團隊的人脈，搭上德儀，但梁文隆坦言，做這些大公司的生意，往往利潤較薄，例如與德儀合作的前兩年皆賠錢，與 Epson 等大廠合作也只求打平，因此重點是得懂得轉換心態，將之視為投資，換取讓企業一躍而上的槓桿機會。

如果沒有人脈，甚至就自己創造機會。例如佐臻原先不在手機晶片大廠高通的雷達範圍，為求合作，梁文隆迂迴的從印度買到開發元件，設計使用高通晶片的智慧眼鏡，終於讓台灣高通看上，成為該公司策略夥伴。他說：「你做了不見得有機會，但不做更沒機會。」

智慧眼鏡的市場才正要開始，佐臻能否成最終的設計代工贏家，還言之過早，但至少在這利基市場已占得先機，讓大家看見台灣中小企業轉型求生的生命力。

一點就通

- 抓住產業趨勢，成功機率就比較高，若能想辦法一舉攻下指標型客戶，站在巨人肩膀上，一來可磨練產品品質，二來可確保自己走對了路。

22

街頭戰法①
顛覆量大的迷思，小單才好賺

健豪印刷是台灣第一大，甚至建立起兩岸最大的網路印刷公司，健豪印刷創辦人、總經理張訓嘉有一套街頭戰法。

第一步就是：顛覆量大迷思，賺小單。

印五百張名片和一萬張的成本有何不同？答案是一樣。但為什麼大家想的都是一萬張的生意，而不是五百張？因為絕大多數的企業，都無法拋棄「量」的迷思，認為小訂單難做、成本高。

「做印刷的人攏阿呆啦，印一萬張的價錢，跟印五百張的價錢，其實成本都一樣，但是單價差八倍，再笨也要做少的。」「去印大量的，就一定會被砍價！」張訓嘉舉例，一旦客製化，產品售價增加三成以上，且印刷品單價低，即便漲價也是幾毛錢，客戶不容易感覺，只要蒐集到和大單數量一樣多的小單，集中化生產，成本還是一樣，獲利卻是直接增加。

例如，不起眼的紙杯，好市多可能一次要買一百個，但小七只要一次買五個，而五個的總價一定比好市多便宜，一般消費者光顧小七買紙杯的機率，會高過於在好市多。但算單價，每個單價小七至少比好市多貴四成，可是你去小七買的時候，會去算一個紙杯的價錢嗎？

這就是小單比大單好賺的秘密。所以他鎖定個人消費者，放棄議價能力強的企業訂單，不斷的開發新商品，連一張不起眼的姓名貼紙，毛利都可以高達六、七成，聚沙成塔，這就是張訓嘉能讓毛利比對手高十個百分點的原因。

十多年前，健豪的企業戶營收占比高達九成。現在，這個比率正好逆轉，健豪超過九〇%的客戶，都是一般消費者及小型業者，而單一最大客戶占其每月營收甚至不到一%。

一點就通

- 精算成本、客單價比，小訂單成本不一定高。

23

街頭戰法②

價格透明化，反而賺更大

有一門生意，價格隨你開，每筆訂單利潤多寡由你決定。你會不會為了擴大市場，公開所有價格？

如果你的答案是「不會」，那你的生意永遠做不大。

舉例來說，想印一本書，走進坊間的影印店，規格、張數、樣式……，印到好該多少錢，全部由老闆說了算，到了另外一家店，得到的可能又是不同價格。業者可以從中賺起更多利潤，消費者買貴只能自認倒楣。但健豪印刷創辦人、總經理張訓嘉不這麼想。

唯有價格更透明，才能帶來更大商機，「早期是可以騙你就騙你，我現在全部把它制式化，公定價格是多少，全部放在網路上，所以他們現在也沒辦法騙人了，他們很討厭我啦。」張訓嘉說。

他把上千項商品的價格，全部寫清楚出書，每一項後面還有同業比較，讓客戶一目瞭然。如今，健豪六千多項商品，需要出五本價格表才列得完。

這樣做，看似損失議價空間，一次把價格打死，其實是掌握了定價最重要的心理學。

「就是要做到讓客戶不會算價格，用便利性讓他失去價格意識，就會把全部商品交給我做。」一旦有人打出市場最低價，又幫你算好所有價格，讓你不用再花時間貨比三家。就像打出「我最便宜」、「買貴退差價」等價格號召，都是在減低消費者的價格戒心，越買越多。

▼一點就通

- 定價心理學的一招是用透明價格，給消費者便宜錯覺。

24

街頭戰法③

不追求當下獲利，而是後續做不完的生意

如果你的店裡擠滿客人，客服人員太少，等候時間太長，造成一堆客訴。你會怎麼辦？健豪印刷創辦人、總經理張訓嘉的答案很跳 tone：「買車！」

一般企業決策，通常都會選擇增加客服人員、解決客戶訂單出貨排程，並且強化教育訓練，但他不這樣做。

當時，健豪業績開始成長，所有客戶都趕在下班前後到門市送稿件，顛峰時間的三小時，至少需要處理超過一百個客戶訂單，讓客服人員難以應付。

「我請三十個客服，可能處理掉一百個人，可是我集中的時間只有三小時，剩下的時間，客服要幹嘛？不如加一層服務，到你那邊收稿，印好之後還送到你家，讓客戶覺得很爽。」

他坦言，一開始建立自己的物流車隊，怎麼算都賠錢。因為印一盒名片收四十元，健豪也幫客戶送，但這樣根本不符合成本，而同業都是把快遞成本八十元轉嫁給消費者。

但是他想的，是從根本解決客戶問題，而不是解決公司的成本問題。所以，他決定不增

加客服人員，而是直接買車，把客戶服務做到「客戶家門口」，這個賠錢物流服務，反而成了健豪的口碑行銷工具，客戶一傳十、十傳百。以宜蘭為例，過去沒有車隊時，一個月業績只有三十萬，七年後，翻了超過十倍，成長到三百八十萬。

經濟規模越來越大，健豪的車隊超過一百台，全台灣到處跑，最北送到南方澳，最南到墾丁。

張訓嘉過去的每一步，在同業眼中，錢花得完全不合理、也不划算。但最後，這些卻成為對手難以複製的模仿障礙，其最大的關鍵就是，用服務業思維來經營製造業，為了解決客戶的不方便，寧可「虧現在、贏未來」，這種將算盤倒著打的策略，才能打破台灣產業轉型最難跨過的省錢迷思，把自己越做越大。

一點就通

- 眼於解決客戶的問題，而非著眼於公司成本；最能解決問題的提供者才能勝出。

第2章

人，是一切的根本

25

人對了，事就對了①

捷步情境式選才面談

要進入全美最大賣鞋網站捷步（Zappos）工作，必須經過四關考驗。「首先，這個人必須對我們的公司文化有瘋狂粉絲級（culture fans）的認同，」人力資源部招募經理克莉絲塔（Christa）表示：「除了書面履歷外，我們要求申請者提供 Facebook、Twitter 帳號……，一方面看出他的生活與交友狀況，一方面也用來維持與申請者的關係。」

再者，是用 Skype 電話面試，這部分主要是要觀察這個人「有不有趣」。問題包含這輩子做過最瘋狂的事、最大膽冒險的事、上一份工作中最奇特的經歷等。

「我們希望員工有點怪異（weird），」創辦人謝家華表示，他會要求面試者自評，以一到十分來看，一分的人很無聊，對公司不會有幫助；十分的人可能是精神有問題。「七、八分最好，這樣的人有創意，可以帶來很多新的想法與刺激。」

與人的互動也是電話面試的重點，因為捷步常常「公私不分」，他們鼓勵員工上班時帶小孩來，目的是「讓孩子了解父母的工作」；所以他們希望員工下班後也能保持與同事間的交流。強調私人空間，從來不願跟別人出去小酌兩杯的人，通常不會錄取。

第三關是一整天的公司導覽，從中觀察面試者對別人的反應。「有些人對『人』的反應是很冷淡的。」克莉絲塔說，從他們踏進公司的第一步，是主動往前與你握手，還是站在那邊等你走過來，就可以看出一個人是謙卑還是自視甚高。

另一個觀察是會不會主動幫忙。公司導覽的過程中，捷步的員工會不斷走來走去，搬箱子、挪椅子。如果面試者在沒有任何提示下就主動對其他員工伸出援手，錄取的機率就會大幅提高。

最後是對人性的考驗。符合所有資格的面試者，會進入長達五週的訓練，內容包含專業技能、人際溝通與公司文化。五週後，有兩個選擇擺在眼前：拿一個月的薪水，外加兩千美元（約合新台幣六萬四千元）的紅利走人；或者，什麼都不拿，留下來當一個時薪十五美元（約合新台幣四百八十元）的正式員工。克莉絲塔說：「這就可以看出你究竟是為了錢，還是為了理想來這裡工作。」

一點就通

- 招募員工，聽其言不如觀其行。
- 企業文化就在每一次找到志同道合員工時成形。

26

人對了，事就對了②

摩克動力司機「多聲帶」

摩克動力從事租車服務，總經理徐龍翔徵才也有一套。因為金融海嘯，導致白領失業族暴增，徐龍翔看見這個機會，透過友人介紹，吸納了一批因不景氣遭裁員的白領上班族，當中有旅行社主管、具領隊執照的華語導遊，甚至還有新加坡女鞋品牌在台的代理商主管等。

因此，摩克動力的司機能操英語，甚至日語、粵語，也能和客人聊社會經濟情勢，素質很高。一般租車行雖然標榜高級轎車，但只有車款高級、車型不一、司機素質也不同，而摩克動力以司機素質與同業成功做出區隔。

▼一點就通

- 針對市場上尚未被滿足的需求招募或培育有核心競爭力的員工，企業競爭優勢就凸顯出來了。
- 多元化的職能是企業最想要的人才。

27

協助新員工「軟著陸」①

奧美藉學長制幫助新人「快熟」

每一位初進奧美廣告的新人都會收到一封信，告知將由一位資深同仁擔任的學長姊，在長達三個月的輔導期間，學弟妹有任何心理上或者對公司的疑問都可以向其請教。三個月是了解新人的黃金時期。每位學長姊每個月都有一千元當作和學弟妹吃飯的交際費，透過不時和學弟妹聊天，了解新人的狀況。

這套制度特殊之處，是擔任學長姊者，必須和新人分屬不同部門，且必須在奧美任職滿一年。除了對帶新人有熱忱，還必須謹守不批評主管、不向主管關說，以及不評斷公司政策的公正立場。

學長姊和新人必須在不同部門，是提供新人在正式管道外，另一個抒發心情的對象。另一方面，廣告公司強調團隊工作，可以讓新人了解不同部門的運作。

為了舒緩員工的工作壓力，奧美幾乎每個月都會舉辦休閒活動，也會盡量安排相同樓層或業務有關係者擔任學長姊。例如，業務常需要報帳，和財務部接觸較頻繁，因此，業務部的新人，多數安排給財務部的學長姊帶。

人資部門也會明察暗訪，詢問學弟妹，學長姊對他們的關心頻率。但不像保險業界的學徒制，徒弟的業績可以算到老師身上，促使老師更願意分享。

「如果學長姊只是敷衍了事，也沒有意義。」每一季，公司都會請學弟妹填寫意見回饋表，裡面包含學長姊帶新人餐敘的次數、學長姊對其做過最感動的事等問題。對於學長姊，人資部只會口頭詢問和學弟妹聚會的次數。最後由奧美策略長等十人進行公開評選，選出最佳學長，並公開表揚。

一點就通

- 新人去留的一大關鍵，是在新公司能多快與同事產生連結關係。學長制最大的好處，是讓戰戰兢兢的新人得到情感上的慰藉。

28

協助新員工「軟著陸」②
提前套牢校園人才，分級培訓

寶僑的「未來領袖俱樂部」在每年九月開始啟動，寶僑會先以申請學生的人格特質測驗成績做初步篩選，再進行筆試與面試。通過三關考驗的學生，則會獲邀參加寶僑舉辦的兩次專題討論會，從討論會中，寶僑會再視學生的臨場表現選出俱樂部會員，往後，每季仍會進行追蹤考核。

在招募人才辦法中，寶僑將校園人才分為三個等級，分別是「白金卡」、「金卡」與「普卡」。當中「白金卡」是針對研二生與大四生，「金卡」的持有者是研一生與大三生，而「普卡」則提供給大一與大二生申請。

凡持有「白金卡」者，畢業後篤定能進入寶僑工作，這意味著，在畢業前一年就已經領到進入國際級企業的工作證；而持有「金卡」者除得優先申請「白金卡」外，還能獲得在寶僑實習兩個月的支薪工作機會；至於拿到「普卡」的大一、大二生，則是挑戰「金卡」的當然人選。

簡單來說，進入寶僑的新進員工，多半在求學時代就已開始過關斬將，展現出不凡的實力。要想拿到寶僑的「白金卡」並不容易，除了最基本的面試、筆試外，寶僑還會與學校教授密切合作，透過教授對學生最直接的接觸來了解學生潛力，並每季進行追蹤。

而「金卡」學生為期兩個月在寶僑實習的工作機會，更堪稱魔鬼訓練。寶僑會交給實習學生一項實戰任務，這段時間內，學生必須提出一份完整企畫書。舉例而言，若這項任務是推動寶僑旗下知名化妝品品牌SK-II新產品上市，則包括廣告預算、鋪貨地點、代言人選定與產品包裝等，全都得詳細編列在內。

在「未來領袖俱樂部」徵才制度下，寶僑設立了「個人導師」的配套措施，讓每個持卡學生都能擁有一位專屬的「個人導師」，除了扮演持卡學生解惑排難的老前輩角色外，最重要的是，寶僑要透過「個人導師」，讓這批未來將進入寶僑工作的「準」員工，得以提前了解寶僑的企業文化。

一點就通

- 讓新人在進公司前就熟悉企業文化與未來工作內容，可提高新進員工的存活率，並降低新員工在教育訓練或業務交接的時間成本。
- 建立「實習生」制度，可以先「試用」校園有潛力的人才。

29

專業能力分級

「臂章制度」為廚師分段數

連鎖餐廳的前提是「作業標準化」、「食材規格化」。為了大量展店，瓦城總經理徐承義準備了十五年，用武功式的訓練搭配科學拆解法，讓每一隻手做出相同品質的菜。

徐承義仿照跆拳道的白帶、黃帶、紅帶、黑帶不同段數，在瓦城設立臂章制度，依白色、黃色、橘色、綠色、藍色分為九級，每級都要考試，就像少林寺十八銅人陣一樣。例如，綠色臂章要考「翻鍋」，三碗白米連續翻二十下不掉米才算合格，最高階的紅色臂章是大廚，至少要三年才拿得到，但比起傳統廚房「師徒制」訓練一個大廚要十年，瓦城已將時間縮短了三分之一。

徐承義喜歡被稱為「傳統料理的科學家」。他發現，東方餐飲之所以不能發展連鎖，在於缺乏科學方法延續傳統手藝。「標準食譜只是品質一致的第一步，人員訓練若無標準規範，做出來的品質還是不一樣。」因此，他把餐廳經營的流程一步一步分解，盡量以量化方式清楚表達每個步驟。

到了外場面對客人，出菜效率是重點考核。客人點餐後八分鐘出第一道菜，最後一道菜二十五分鐘內須上完，只容許二%延誤率。瓦城還從常客裡挑選「神秘客」，每週到各分店評比，從菜色到上菜進度都打分數，「神秘客」評分占考績比重達三〇%，讓門市不敢掉以輕心。

一點就通

- 什麼職務都可以依專業能力分級，讓員工更有努力的目標。
- 組織內的考核是不可或缺的管理工具。有效考核，能確認組織內所有員工的貢獻，更可盤點整體人力資源是否充足。

30

活用兼職人員①
日本超市打工也能升遷

日本埼玉縣川越市的八百幸超市有將兼職員工稱為「夥伴」、並將賣場實際交由夥伴來經營的傳統。在八百幸由夥伴負責製作推薦菜色與食譜，甚至有權下單與管理價格。

打造八百幸組織最重要的關鍵，是兼職員工的歸屬感與勞動意願，以及各種激發幹勁的制度。以薪酬為例，只要公司當年營業利益率超過四％，就會發放「結算獎金」回饋員工，連兼職員工也有份。這個制度至今已經施行十五年以上，兼職員工根據資歷與職能，也有升遷甚至加薪的機會。

八百幸每個月都會舉行「感動與微笑的慶典」，以表揚提出有效改善方案的正式或兼職員工，這個做法已經持續五年以上。

▼一點就通

- 董事中村曾表示：「兼職員工也有寶貴的經驗，對八百幸而言，他們都是非常重要的夥伴。」活用兼職人員，是店鋪營運戰力更強的關鍵。

31

活用兼職人員②

靠它揪人，3C高手隨傳隨到

使用電腦或3C產品難免會遇到問題，但使用者大都不是能自行解決問題的3C高手，得倚賴專業協助，若能到府服務更為方便。因此專業、平價又能隨傳隨到的人力是一般3C使用者最大的需求。另一方面，許多3C達人平常就義務幫親友處理電腦問題，是一群龐大的閒置人力資源。

這兩方的問題，德國電信業者沃達豐（Vodafone）巧用平台解決。電信業者的用戶動輒上百萬人，正是電腦高手的人才庫。沃達豐藉由線上測試，從用戶中過濾電腦高手，組成「沃達豐好友服務」智囊團，再透過Mila人力平台牽線，用戶只要打電話或上網登錄，Mila便會根據需求和地址，媒合社區內最適合的電腦高手前來支援，而且服務從十歐元（約合新台幣三百八十元）起跳，不滿意還可全額退費，可謂物美價廉。

安全性也是這套付費維修服務網的成功關鍵。由於沃達豐握有這些高手用戶的個人資訊，像是銀行帳號、住址、GPS定位資料，可以降低遇上惡意駭客的機率。

▼一點就通

- 某個人身上備而不用的技能，可以用來滿足另一個人的需要。《經濟學人》也看好到府的「隨需服務」（on demand service），媒介閒置勞力與需求的人力平台。

32

彈性工時更有效率

斯蒂爾用「時間帳戶」調節淡旺季

德國電動工具製造商斯蒂爾（Stihl）在二〇〇九年金融海嘯時，出現十八年來的首度營收衰退（衰退四・九％），成為二十億三千八百萬歐元（約合新台幣八百五十六億元），當時仍然做了一個重大決定：為了留住從基礎培養起的優秀工匠，不減薪、不裁員，改採「時間帳戶」（time account）管理員工，並且保證到二〇一五年前不會裁員。

當時的斯蒂爾有兩種選擇，一是「縮短工時法」，員工工時減少、薪水也減少，部分差額由政府支付。另一則是「時間帳戶」，薪水不減少，不足工時記入帳戶裡，待景氣回溫員工再加班補回。

他們最後選擇當下看似對公司成本壓力較大的「時間帳戶」制度。執行長肯希爾拉強調：「我們送出的訊息是，如果你是好員工，在斯蒂爾就會受保障。你必須在最壞的時機送出這樣的訊息。」

斯蒂爾在金融海嘯爆發後，最糟時工廠一天只有一班；到二〇一〇年第三季時，某些生產線已經回復一天三班且週末要加班的水準。這一年，斯蒂爾前八個月營收大幅成長一六・

九%，證明當時不妄下決定，保障員工的工作權，對斯蒂爾來說，反而達到了日後的效率。

一點就通

- 工時可以預支和償付的觀念，讓企業在成本不增加的前提下，增加生產力的彈性。
- 員工的信賴感需要業主經營。非常時期或淡季的工時，累積在「時間帳戶」中，員工的滿意度和士氣，也同時累積在「信任帳戶」中。

33

遠距管理大軍

塔塔資訊員工遍布全球

印度的塔塔資訊（TATA Consultancy Services, TCS），隸屬全印度最大的集團，也是亞洲最大的資訊外包軟體公司。

塔塔資訊最大的挑戰就是如何管理人才。執行長拉馬德拉曾說：「第一個挑戰是大量的新聘人員，要如何快速提升他們的能力，同時還要兼顧品質。」二〇〇三到二〇〇五間年，塔塔就新聘了一萬五千人，占全部員工的三分之一。

人員分散在全印度、整個亞太區，甚至美國、加拿大、英國等地，為全世界的客戶服務。如何管理員工，同時用塔塔的標準提供服務，讓客戶滿意，就是第二大挑戰。

拉馬德拉的方法就是把所有跟人相關的資料，放上即時更新的資訊平台，加上高度階層化的組織架構，把分散各地的工程師變成可輕易指揮的大軍。換言之，所有外派的專案員工都會被編入一個個小組，透過小組長、區域經理，再透過一個名為ULTIMATIX的資訊平台，形成綿密而靈活的人力網絡，所有和人力派遣相關的指令，都能透過平台完成。

對員工來說，從抱怨到指定保險受益人，這個系統也都能一手搞定。在塔塔，還有處理抱怨的標準程序，員工只要申訴，系統就會自動「越級上報」，把訊息傳給有指揮關係的直屬長官，只有相關的人才能看到這些訊息，而且系統會追蹤問題是否已經解決。

拉馬德拉還建立了一個專供塔塔資訊眷屬參加，名為MAITREE（友誼）的組織，等於是每個地區的員工婦聯會。每當有新成員到一個地方，從找房子、安排小孩上學，都能透過這個組織，間接增強員工對公司的向心力。也因此，塔塔的員工離職率只有九％。

一點就通

- 善用科技網路平台，有效率的管理員工和外部人才。

34

離職員工管理

就算跳槽　也能繼續累積信任

如何降低員工跳槽與自己對打的機率，及因此產生的衝擊？在現代，企業家必須對屬下希望自立門戶，抱持更寬容的態度。

江蘇隆力奇生技集團的人力資源部，每年都要安排兩件固定工作。一件是給隆力奇集團的離職員工設計一份新年賀卡，由董事長兼總裁徐之偉親自審閱、簽名後寄出。這封賀卡描述每一位員工所付出過的心血與戰功，信末最後一段話：「如果在外幹得不順心、不如意，歡迎隨時回來，隆力奇的大門始終是敞開的。」

第二件工作則是邀請高階離職員工，藉新年休假回「娘家」看看。近距離的會派專車去接；較遠的則提供他們來回機票。每到這一天，徐之偉都會在公司恭候，陪同到公司各處參觀，介紹公司的變化與新戰略。如此手法，讓離職高層主管沒有任何一位成為競爭對手。

一點就通

- 要如何面對背叛？就像企業面對競爭般，一個有智慧處理「背叛」的經理人，總是能從積極角度思考，克服負面情緒，隨時保持危機感與活力。
- 現在離職，不代表未來不會回鍋。開放心胸，繼續累積信任感，你就是好人才吸票機。
- 誰說跳槽的人才不能變人脈？

35

員工福利
會好好照顧員工的夢幻企業

連續十七年入列美國百大最佳雇主的收納小鋪（The Container Store），是一家專賣各種儲物盒的連鎖零售商，素有敢開高薪、善待員工及回饋社會的模範生形象，而且是創辦人丁戴爾（Kip Tindell）創業時就立下的規矩：「如果我們提供高薪與培訓，好好照顧員工，他們就能好好照顧客戶，為公司帶來龐大效益。」

「雙倍薪」是收納小鋪的王牌。美國零售業的平均年薪落在二萬一千五百美元，但它一口氣提高到五萬美元，市場公認已經「超越合理、臻至夢幻」。其次，收納小鋪每一名新進員工，第一年都得接受超過二百六十個小時的教育訓練，以確保站上第一線時就能立即滿足客戶需求。此外，它將情人節訂為愛員工日，互換巧克力、禮物和擁抱；更在這一天成立十萬美元急難救助金，並廣邀員工捐款，好為突遭劇變的員工免除後顧之憂。

最後，收納小鋪開辦每一處新門市時，同步挑選一家當地非營利組織合作，將它開幕後第一個週末所創造的營收中，撥出一成當公益捐款。這種經營方針，獲全食超市（Whole Foods Market）創辦人麥基（John Mackey）列入全力支持的「自覺企業」，與星巴克（Starbucks）、好市多（Costco）一同列名。

一點就通

- 企業不以獲利為唯一目的，考量人道、社會的經營方針，更符合新世代工作者的價值觀，也更能吸引到好人才。

36

留才術①
杜邦主動幫員工找下一個工作

一個人在不同時期會有不同的生涯規畫，不會想在同一個職位待一輩子。公司裡有上進心、能力好的員工，一旦覺得工作沒有新鮮感，無法從中學習，就很可能離職。杜邦公司會在人才倦勤之前，就以「輪調制度」主動幫他們找到「下一個工作」，留住這些優秀人才。

杜邦公司的做法是根據員工的意願與能力，由主管和人資部門、高階主管開會討論，找出適合的下一個工作，為他們規畫出最長五年的學習計畫，讓員工未來輪調到新職務時更快進入狀況，並且由主管追蹤學習進度，確認員工何時可以勝任下一個工作。高階主管和人資部門也透過此方式更認識第一線員工，可更宏觀的調配人力資源、培養有潛力員工。

一點就通

- 等員工開口提離職才調撥出一個職務勉強留人，不如以制度化的方式提早著手培訓，讓他能立即上手，減少磨合期的風險。
- 工作輪調制度對活化公司人事結構很有幫助，可開發員工多種職能與培養更全面的眼光。

留才術②
自選上班制降低離職率

日本著名的軟體服務公司 Cybozu 有一套選擇型人事制度。員工可以依照個人需求選擇辛苦工作、加薪機率高的「PS」型工作方式，或沒有加班、沒有職務異動但薪水固定的「DS」型工作方式（「PS」和「DS」的名稱，靈感來自遊戲機「Play Station」和「任天堂DS」，沒有好壞之分）。

以負責網站管理的川上直木為例，剛進 Cybozu 的第一年經常加班到深夜才回家。但是第二年起為了生活品質而選擇了「DS」型工作方式，每天最晚六點半就已經下班回家。回家後可以看看書，或和朋友一起作曲玩音樂，每天都過得充實而快樂。川上說：「雖然薪水少了一點，但是時間比收入更可貴。」因為育嬰等目的，目前選擇「PS」型工作方式的以女性居多，但是像川上一樣注重生活品質，或想繼續進修的男性也開始增加。

Cybozu 設計出這一套人事制度的背景，是自從一九九七年創立以來，Cybozu 在科技業界的成長有目共睹。但是因為徹底實施績效評估制度，而使得薪資水準差距大，內部氣氛不佳，二〇〇五年度的離職率竟高達二三％。從此公司方面才開始檢討制度，以建立一個舒適的工作環境為目標。例如最長可以留職停薪六年的育嬰假等，終於把離職率降到七到八％。

在派遣人員持續增加的日本勞動市場，日本總合研究所提出了名為「限定型正式員工」的雇傭關係。是指「員工可以自己限定工作職種、工作地點和工作時間」。但是因為可以選擇勞動條件，所以薪資會比一般員工低。

從企業端來看，如果有一些正式員工轉為「限定型正式員工」，可以節省一些人事費用。多出來的錢又可以再雇用非正式員工，或用來改善薪資水準。

一點就通

- 彈性運用人力，讓人才依自己的需求選擇工作方式，既可保留人才，也能節省支出。

38

留才術③
主管由你票選，離職率降到五％

為留住新人，二〇一〇年起，日本眼鏡連鎖店恩戴適（Owndays）開始了主管票選制度。從每家分店的店長、到統籌數家分店的區經理，每年重新由員工投票決定。今年的區經理就有七人進入總決賽，爭取五個席次。

根據日本NHK報導，恩戴適過去因經營危機，曾有一半員工離職，每重新聘用一位新人，光付給人力仲介的成本就高達一百萬日圓。「在這裡好好做下去，希望有一天也能站上舞台，」現任社長田中修治導入選舉制度後，目前新人的離職率已降到五％。

▼一點就通

- 票選主管讓新人看到未來，也提升對公司與工作的認同感。

39

放手給年輕人
皇冠壓寶九〇後，擦亮六十五年老店招牌

二〇一二年，淘寶網與天貓的年交易總額，首次突破人民幣一兆元。實體店人潮不斷縮減，越來越多年輕人傾向當線上客服，而非實體店店員，種種跡象，讓當時的皇冠集團總經理江錫毅，即便連「刷屏」都聽不懂，也燃起了強烈的危機意識：「我不能把雞蛋放在同一個籃子裡！」他宣布，從客群年輕的 JanSport 開始試做電商。

消息一出，公司上下一陣譁然。業務主管，認為電商平台的定價低、折扣多，一旦開放，勢必會影響實體店業績，引發百貨公司和代理商不滿；其他部門也輪流勸阻，幾乎沒有贊同的聲音。

當新策略碰到公司上有鐵板一塊的阻力，江錫毅決定出「奇招」。「有一天，我召集所有人宣布：『不好意思，我們公司從今天開始，跟電商一點關係都沒有了！』大家齊聲歡呼；然後，我就在另一棟辦公大樓，偷偷成立了一個小部門做電商，」說到這裡，溫文儒雅的他忍不住大笑：「我總得先試一試啊！」

這個在組織圖中完全隱形的團隊，平均年齡二十八歲，多為電商背景，連最高主管都是

「九〇後」，凡事直接向江錫毅回報。起初只有三人，一肩挑起新品上架、發貨、回覆留言、處理客訴等任務，人數隨著業績一路倍增。

七個月後，業務主管宣布，本月業績較去年同期成長了三〇%，江錫毅笑著告訴他：「隔壁也成長了三〇%喔！」秘密團隊方才現身。事實證明，這段期間內不僅沒有經銷商客訴，實體跟虛擬店雙雙成長，更代表電商並非爭食市場，而是開拓出全新客群。如今，這個團隊已和業務部合併，擴張為三十人，每天約服務三萬名網友，人均年產值超過新台幣一千六百萬元，成績遠超乎預期。

一點就通

- 企業轉型變革，內部阻力越大，最高決策者越有必要親自跳下來做，以展現決心。
- 在電商領域，用年輕人思維來打開年輕人市場，成效更好。

40

績效考核更有效

用客戶推薦度打設計師考績

二〇一一年，飛利浦執行長萬豪敦（Frans Van Houten）宣布：「飛利浦必須加速貼近客戶，積極獲勝。」而邁向下一個百年的成長關鍵，就是ＬＥＤ照明事業的成敗。因此，集團的人才組合不一樣了，ＬＥＤ照明設計師增加到三百人，其中僅有兩成是照明背景，新進成員分別來自建築、心理學、行為學等各界。

過去設計師績效是以設計圖件數計算；現在考績標準則增加以「客戶淨推薦值」來衡量員工表現。只要設計師做完案子，公司就會詢問客戶是否願意推薦飛利浦服務給友人。滿分十分，若設計師分數低於七分就得提出自我評估報告，成績直接和薪水、考績連動。

一點就通

- 傾聽客戶聲音，把客戶導向真正貫徹進管理機制中。
- 客戶滿意度的提升不只是業務人員的責任，從產品研發端就應該將客戶需求擺第一。

41

高效用人
簡化店長任務，一個店長管五家店

日本嬰兒用品連鎖店西松屋，在少子化、人手不足雙重壓力下，創下連續二十二年成長紀錄。旗下逾九百家分店，面對人事成本暴漲，再加上少子化客源驟減的雙重壓力，淨利仍較前一年成長三四．八％。

其中最極致的降低成本之道，就是連店長都共用。例如，在西松屋工作的店長名倉拓郎，其實掌管了跨越埼玉縣、千葉縣等的五家分店。每一家分店，開車的距離約半小時以內。看起來像是沉重的血汗工作，名倉卻不帶一絲焦慮。

原來，和一般零售業不同，西松屋的店長不須負責採購工作。各分店要進什麼貨、多少數量，全部依照銷售數據，由總部統一處理。商品陳列、收銀台、打掃等，則全部交給各分店的計時人員。

西松屋的店長，主要有兩大業務，一是分派總部交辦的營運項目，二是監督工作是否確實執行。除了掌控分店整體的狀況，店長的主要工作，是製作員工的「工作清單」，以定期確認員工是否確實完成交辦的任務，並向總部報告。

員工每天上班的第一件事，就是列印店長分配的工作清單。以十五分鐘為單位，清楚寫著每位員工的工作內容。例如，「上午十點到下午一點十五分，負責收銀台。沒有客人結帳的時候，就在收銀台內，從今天新進貨的鞋子取出填充物。」所有工作的細節，都在一張工作清單上一目瞭然。

從賣場陳列到商品種類，即使是西松屋的不同分店，架構卻幾乎一模一樣。由於店長不能以自己的想法來更動賣場的樣貌，也無法自主決定主力銷售產品，所以就不必為分店營收背負過多的責任。

▼一點就通

- 要降低成本，重新思考每一個角色和任務的工作內容和進行方式，重新拆解，重新分配，打破慣性或舊有制度，或許就能找出突破現狀的機會。

42

長線思維育才
豐泰依育才速度定成長目標

豐泰企業是掌握 Nike 球鞋的最大代工霸主，當今 NBA 戰場上，百億球鞋商業競爭的背後推手，籃球之神喬丹、小飛俠柯比、小皇帝詹姆斯的球鞋，都來自這裡。

豐泰位於雲林斗六鄉間，員工平均年薪一百一十萬元，而且全公司都五點下班，如果要加班得事先申請。豐泰全球十一萬名員工，工廠都設有幼稚園，員工都有免費午餐，午餐一半是有機食材，希望每位員工吃得健康。公司更把每股盈餘（EPS）與年終獎金天數，公告出一個公式，讓所有員工知道。

「做好，比做大更重要。」這是豐泰董事長王秋雄，經營豐泰四十五年，最大的啟示。他創辦豐泰時，公司訓的第一條就是「人的培養」。斗六的人才不如台中大都會多，「人才的定義是長期願意跟我做。」王秋雄為了留人，開設幼稚園是第一步；留才的第二步，是員工訓練。他對人才最大的賭注，就是堅持根留台灣，敢在危機時向 Nike 說不。

這個賭注不僅確立了豐泰「做好」的路線，也把台灣製鞋供應鏈帶進了 Nike，提升了台灣製鞋產業，更確立豐泰在台灣眾多代工業中，走出一條研發升級而不是降低成本的路。

一九八七年到八九年，台灣兩千多家製鞋工廠出走，豐泰的大客戶 Nike 也要求豐泰出走，但王秋雄卻不願意。拗不過王秋雄的堅持，把高價鞋款喬丹鞋訂單繼續下給台灣豐泰，他知道單價越高，越有本錢吸收調高的人工成本。

王秋雄有 Nike 的力挺，訂單量可說源源不絕，但豐泰的成長卻沒有外界想像的快，全因為他有一個「八％」的堅持。

王秋雄計算過，一座製鞋工廠平均八千名員工，如果不想發生像越南、東莞大罷工，就得培養十五位以上優秀的當地經營人才，一個總經理的養成要十年，算下來，一年八％正好配合人才培養的速度。

豐泰的年營收成長目標八％，就是依據人才發展速度來設定。為了培養人才，王秋雄花了四年爭取 Nike 在豐泰設立第一個海外研究設計中心（RDC），還提供 Nike 員工辦公的場所，就是為了藉 Nike 之力，提升豐泰的研發能量，做為豐泰的人才培訓基地。

王秋雄甚至讓研發人員的獎金可以高於管理團隊，對以中長期案子而言，只要五成開發成功，他就滿意。因此，Nike 每次研發新產品，如空氣袋（Air Bag，用於氣墊鞋）、針織鞋面球鞋（Flyknit），都會找上豐泰共同開發。參與開發，除了讓豐泰有機會獲得利潤較高的新訂單，也讓王秋雄有鍛鍊人才的機會。

豐泰只把重心放在最擅長的製鞋上，不做垂直整合。視提升研發的人為資產的王秋雄，進行的是一場馬拉松賽跑，從股東的角度來看，豐泰的 ROE 高於同業數倍。

甚至，王秋雄還選擇「共好」，幫離開豐泰創業的徒子徒孫訓練人。廣碩集團創辦人張榮梧，早期在豐泰任職，出去創業後，王秋雄不介意讓其胞弟到豐泰學做模具，因為他是早年資助王秋雄創業的恩人孩子，「人家對我們有恩，我永遠不會放棄，學院裡面講理論嘛，我要面對現實的人際關係，你叫我說（人）離開就要變成敵人嗎？我做不到。」

現在王秋雄每年召集退休員工回總部聚會，因為他們都是在豐泰遇到匯率升值風暴時，仍不離不棄的老員工。他送他們鞋子，甚至還到海外工廠參觀。

王秋雄在三十七年前就撥出企業盈餘的一〇％設立員工專屬幼稚園，每學期註冊費僅收五千五百元，教案都是請專家量身打造。他說：「有人告訴我，王先生你如果不做幼稚園，可能增加幾十億的財產。但是我認為，因為我做幼稚園，所以才有這麼多人才。」

如今豐泰幼稚園裡的第一批「豐泰寶寶」，已有人做到豐泰的處長級主管，這個位處斗六鄉下的幼稚園，就是他的人才搖籃。

一點就通

- 在求「大」、「快速成長」與「利益極大化」贏者全拿的主流經營思維下，王秋雄證明，企業獲利好也可以讓員工幸福。他展現出不同的經營哲學，在員工，客戶、股東與產業界間，找到新平衡點，也證明「做好，比做大更重要。」

43

打破上下階層

Google、捷步零管理時代

從Google到全球最大網路鞋店捷步（Zappos），越來越多的企業，正在拿掉階層設計，讓員工自主！

二〇一五年三月捷步執行長謝家華，替全球管理界丟下一個震撼彈，他要做一個實驗：捷步要將組織全面改造為新形態的「全體共治」（Holacracy），去除官僚體系。

大家的名牌上，再也沒有頭銜，沒有主管。所有人都是以任務編組，公司內部由一個個任務圈所組成，由「任務指派人」負責指定個人參加的計畫和團體，但指派人本身沒有權力，其餘人也不用向他報告。當團隊中任何一人覺得需要做什麼事情，由他負責召集會議，徵求團員意見，若團員都同意，便可以著手進行，不用層層報告。

如同校園比賽中不同的隊伍，每個隊伍裡的成員表現，大家都能看見，而不是取決於老闆是否看得到，當各部門間更透明後，也會有更多的溝通。

Google則為降低員工對階層的倚賴，去除了權力和位階的象徵。公司裡只有四個有實質意義的位階：個別貢獻者（individual contributor）、經理、總監和副總裁。

Google用電子郵件公布晉升名單，員工會試著從名單裡找出認識的人並且恭賀對方。但每年的員工調查中，總有人抱怨晉升不公。後來，人資建立了網站，公開晉升相關的統計和影像資料；網站會持續更新資料和內容，很費工，目的是要證明流程是零偏差。

被《經濟學人》稱為「世界第一流策略大師」的哈默爾（Gary Hamel）在《管理大未來》一書中就預言：未來十年內，企業將被迫放棄十九世紀科學管理的強調中心控制的模式，轉變為一個沒有階層的新形態組織。

其次，新世代的A咖人才生於網路世代人人生而平等的思維邏輯下，「實務上來說，越是人才，越不喜歡被管，」二〇一四資訊科技總經理阮劍安說。

第三點，越來越多員工是為了共同創造理想而加入企業，因此企業不能讓他有被「決定」的感覺。

最具代表性的是Google的年度員工調查，從辦公室的室內設計、無上限休假政策，到免費零食和定點洗衣服務，都由員工一起決定。舉例來說，根據二〇一一年的調查結果，發現員工工作和生活不夠均衡，都柏林辦公室同年發起一個「都柏林天黑了」（Dublin Goes Dark）的活動，鼓勵員工六點準時下班並且下班離線，公司有個地方專門擺放員工的筆記型電腦，以防員工回家收電子郵件；他們發現員工的互動增加，並且下班後更有時間做自己的事情。兩年後，「都柏林天黑了」擴大成全都柏林的活動，超過兩千人響應。

為了尊重人才選擇的自由，亞馬遜與捷步甚至還有「離職費」（Pay to quit）政策，

「離職費」的設計很簡單，公司每年開放一次，給年資一年的員工離職費兩千美元，資歷每多一年，離職費多一千美元，上限為五千美元。這種做法是要提醒員工，你是有選擇的。若員工選擇繼續待在公司，代表這是他自己的選擇，會更盡心去做。

一點就通

- 零管理時代是大勢所趨嗎？還是只是少數的個案？看來是前者。越來越多企業已意識到，要漸進式的拿掉階層，才可能存活。
- 勤業眾信一份橫跨一百零六國、超過三千三百位企業主和人資長的報告直指，對待員工的方式不再能是上對下；報告的結論之一是：「現在的員工像客戶，公司要用對待志工的方式對待員工，而不是領薪水的人。」

44

遊戲化管理①

奇異改善企業內部惡性競爭

奇異公司過去的評分淘汰制是定期將考績最低的一成員工開除，但最後大家只願意聘用比自己能力差的人。微軟也曾有比較評分制度，讓同事間相互競爭，最後，所有人的目標都不是工作，而是阻止同事獲得好評，甚至開始吹噓自己的成就。

一名來自台灣的專家，連續兩年被授予「年度最佳遊戲化（Gamification）大師」，是一九八六年出生的周郁凱，他分享道，大多數人期待在職場獲得正向感受，因此不必強調個人競爭，而是團隊的趣味競賽。在遊戲世界的分組團隊，為了不讓隊友失望，強者會想要幫助弱者，這便能驅動「社會影響力」的動力。「合作性遊玩，較能保持正面的企業文化。」他說。

就像周郁凱用遊戲讓自己成績猛進，「遊戲化」也可運用在個人生活中。

「遊戲化」起源於一九八〇年代，也就是將遊戲中的闖關、升級、積點等概念，應用在學習、管理和行銷等領域。例如，Nike 設計的跑步 App，內有個人化的階段性目標與獎勵，就成功讓五百萬名跑者超越自我目標。

他舉遊戲化減肥為例，可先分析自己的狀況、擬定計畫關卡、結盟合作等，過程中，可從八角理論找尋驅動力。例如：只要完成階段性目標，就犒賞自己一番，這來自「成就感」動力；或是購買昂貴的小尺寸衣服，讓自己產生「避免」穿不到的動力。

一點就通

- 每個人都可以設計一場自己的人生遊戲。正確使用遊戲元素，人人都會是贏家。
- 遊戲化的八項核心動力為：一、重大使命與呼召；二、發展與成就；三、賦予創造力與回饋；四、所有權與占有欲；五、社會影響力與同理心；六、稀缺性與迫切；七、不確定性與好奇心；八、損失與避免。詳閱《遊戲化實戰全書》（商業周刊出版）一書。

45

遊戲化管理②

雲朗跨館PK賽，激出創意料理

在國內飯店業氣氛低迷時刻，雲朗集團逆勢成長關鍵之一，來自於內部PK遊戲。例如，每月舉辦廚藝PK賽，不定期徵選技藝之星、服務之星等，並在旗下七個館成立跨部門的「創新圈」組織，討論創新想法，年終時進行各館評比。雲朗集團在遊戲化管理中玩出了創新力。

這些想法緣於三年前，從政治圈轉戰企業界的雲朗集團總經理盛治仁。「沒想到飯店比政府還官僚。」他說，服務業強調禮貌，長久以來發展出由上而下的領導模式，「但服務業應該是活潑、有自主性的。」同時，面臨世代交替，八成以上員工是八年級生。「他們對按部就班的工作沒有感覺，好不好玩才是重點。」

以廚藝PK賽為例，特別選在總經理月報時舉行，由各館推派廚師參加，廚師必須在每位高階主管面前「說菜」，分享創意發想和製作過程。「緊張到手會抖，但這是榮耀與肯定。」君品酒店日本料理主廚蕭力升說，廚師平時內向低調，不過為了比賽都卯足全力，當作「一個表演舞台。」

雲朗會在每年四月公布競賽題目，各館自行ＰＫ選出代表作；每月總經理月報時，七館進行ＰＫ戰；各館自售所開發的創意料理，如君品酒店的青花瓷刈包；隔年三至四月進行總評，除競賽成績，也按實際銷售加權積分，頒發獎金。

這個做法，是透過分數和勳章等成就感誘因，同時也拿捏「社會影響力」的團體動力，讓內部競爭不是相互廝殺，而是正向交流。

一點就通

- 名為ＰＫ，實際上卻是透過比賽來扭轉企業文化，讓基層員工能影響公司決策，形成由下而上的賦權。更透過巧妙設計，強化參與動機。

46

公平賞罰
對事不對人，總經理犯錯照罰

企業內部檢討修正的文化要能落實，常須藉由制度設計來輔助。可樂旅遊內部發展出一種「行為矯正單」的機制，各部門、不同崗位的員工，在做事時若未按照規範執行，或是違反公司規定，將依情節輕重來論「過」，並在內部公告。

為了讓員工認知公司「玩真的」最經典的案例發生在某年農曆春節。過年除夕、初一的機位奇貨可居，無論是批售或直售部門都想要，而可樂內部為解決資源分配的衝突，已設計自動位控系統，由產品部門總經理訂定時間開放兩大客源的主管訂位。開放時間一公布，批售部門總經理卻發現，產品部門總經理早在宣布前兩小時就先答應給直售部六十個機位。

一時間，部門之間劍拔弩張。總經理本人做錯事，要如何給員工交代？但公司仍依管理規則，對事不對人，由副董事長開出矯正單，一人一支大過，全省公告。

一點就通

- 連總經理都被記大過，員工才會服氣，有助企業文化的落實執行，也能確保錯誤不會重蹈覆轍。

47

變革管理①

醫院改造，通過高標準評鑑

短短一年裡，盛弘醫藥董事長楊弘仁，成功改造王菲與李亞鵬創辦的北京嫣然天使兒童醫院，從虧損轉為損益平衡，還是中國極少數通過國際最高標準國際聯合認證委員會（JCI）評鑑的醫院。

楊弘仁推動改造的第一關是每週舉行一次院長經營會議，由各科主任與會，他們多半是退休名醫，對醫院經營各有成見。這些「門神」醫術精湛，管理卻欠缺基本功，台灣醫界相當熟稔的防災、病人走失、大量傷患等演習，他們不僅沒演練過，甚至認為沒必要。

面對僵局，所幸楊弘仁和李亞鵬有共識，把「通過JCI評鑑」當成一年目標。但這並不容易，中國兩萬多家醫院裡、只有二十多家通過JCI評鑑。楊弘仁先是動員全院一百多位員工每週舉行演習，起先嫣然員工完全不知如何操作，他就以敏盛醫院的標準作業流程（SOP）當樣本，從疏散、逃生路線、協助病患等等，一週只學一件事情，逐漸收服這家醫院的員工們。兩個月內，院內的氣氛就從鬆散變得積極。

然而，棘手的還在後頭。重整嫣然醫院時，楊弘仁四十五歲，院裡十五位醫生的平均年齡卻接近六十歲，且自視甚高。就拿「洗手」這件小事為例，醫院員工不是不知道，卻取巧不落實，因此二〇一三年院內感染還高達四十例。於是他決定辦「洗手」培訓和考試，結果只有三成醫生過關。

為了顧及醫生的尊嚴、一邊得提升醫療品質，於是他以身作則參加考試，洗手後取樣在培養皿中放置三天，竟然還長了一點細菌，當下就宣布：院長（他自己）也要重考！這一來，大牌醫師們再忙也沒有理由了，總算全院過關。

改革一年，嫣然醫院的院內感染件數降低了四成，手術傷口感染更從四例降為零；日均門診病患數增加一倍，唇顎裂手術數增加二五％。

▼一點就通

- 空降主管要改造公司，除了以身作則，更需要有大老闆的支持和共識，才能義無反顧的朝目標推進。
- 推動變革時，借重國際標準，可做為克服反對聲浪及整合各山頭意見的利器。

48

變革管理②

晶圓女將的彎腰學，成功收服日本人

環球晶圓是全台第一大、全球第六大矽晶圓廠。其成功關鍵在於，二〇一二年成功購併目前占營收與獲利均過半的日本子公司環球晶圓日本（GlobalWafers Japan，簡稱ＧＷＪ）。

過去曾隸屬日本東芝的ＧＷＪ，在環球晶圓接手前是間擁有三百多項專利，卻連年虧損的公司，無論東芝，或後來接手的私募基金凱雷，都無法讓ＧＷＪ獲利。而當時環球晶圓的產能、員工數均小於ＧＷＪ，以小併大，更增加了購併後的管理難度。

二〇一二年四月，環球晶圓簽訂購併合約後。董事長徐秀蘭對著一群外表有禮，但心情明顯不滿的日籍員工開了口：「請跟我一起證實，半導體在日本是一定可以成功的！」她操著不熟練的日文，不厭其煩的說明，她相信著這個目標，所以她不會把工廠機器搬到台灣，或是直接關廠，把日本工程師調來竹科。

她用日本人最常談的「奧義」，跟他們說話。「奧義是說，很大的一個意義，有個遠大的目標在那邊，不只是為了一個很小的，我們增加良率多少或賺多少錢，是一種使命感。」

當布達新政策、採取新措施時，她一定讓日籍員工了解「為什麼」。例如，她要求日本

廠降低存貨，會先解釋，過去台灣廠跟美國廠這樣做的好處是什麼，銷售存貨之後可以放出多少現金，省下多少力氣，增加多少營業利益。「我每一次都會說，我因為什麼經驗所以這樣做，他們就會開始相信。」

為了表示誠意，她請家教學日文，上下班開車時都聽日文ＣＤ，開董事會時也用日語主持。甚至，徐秀蘭每個月固定利用前往日本視察的時間，召開讀書會，由她親自選定書籍，做為溝通價值觀的方法。

「日本人最了不起的就是執行力，只要他們 buy in（埋單），執行力一定非常好。」一面對一群曾被數度易主，對雇主信任感很低的員工。徐秀蘭的軟性溝通，非常徹底。易主後不到九個月，ＧＷＪ開始單月轉盈，賺進四百萬日圓，且持續獲利。

一點就通

- 徐秀蘭回顧這次購併成功的心得是：「管理，其實就是用心相處。」
- 公司推動新政策或措施時，應向員工說明「為什麼」要做，才能凝聚共識，讓員工帶著使命感，一心一意向前衝。

49

變革管理③

花蓮翰品酒店的跨部門「創新圈」

從中信飯店更名、改裝的花蓮翰品酒店，營運歷史近三十五年，原本以商務客、團客為主要客源，但執行長張安平在二〇一〇年預見團客市場將逐年萎縮，讓翰品提前踏上轉型之路。

雖另起新品牌名、轉戰度假型飯店市場，但花蓮是飯店業公認的飽和市場，後發品牌要突圍，須思考如何延伸既有的集團優勢。翰品酒店總經理查曉珊以「親子度假酒店」的定位，為這間老飯店找新出路。

從服務大人轉型到陪伴小孩，如何改造員工的慣性服務模式，對員工重新教育訓練，才是飯店業轉型做親子市場的最大難度。

翰品由查曉珊召集成立跨部門的「創新圈」團隊，成員年齡橫跨五年級生至八年級生，每月固定開動腦會議。從面對小朋友的服務模式、歡樂森林的遊戲內容到如何解決爸媽需求，全都在討論之列。

「小孩子沒耐性，爸媽在櫃台辦 Check in，等太久就發脾氣、大哭，一開始也不知道怎麼辦，」從中信飯店時期服務至今、資歷將近三十年的翰品經理莊陳俊妙說，員工必須放下對度假客、商務客的服務模式，重新學習和小客人相處，團隊在過程中也磨合不斷。

「透過每月一次的創新圈討論，讓第一線的員工能反映現場問題，大家集思廣益，跳脫原有SOP的做法，反而有意外的收穫。」查曉珊說。

就像小孩哭鬧的問題，團隊成員拋出仿效小兒科醫師的做法，「小孩打預防針會哭，醫師會給貼紙、糖果等小禮物止哭，效果很好，我們也用在飯店的服務上，十個小孩有九個就不哭了。」翰品資深副理魏志光說。

再以角色扮演為例，近年動畫電影《冰雪奇緣》風靡兒童界，租借女主角艾莎公主的服裝，可說是親子旅館的基本配備。但花蓮翰品卻想出奇招：當小女孩穿上戲服時，服務人員馬上拍照上傳飯店Line群組，並備註小女孩的姓名，當小女孩出現在飯店的各個角落時，員工立刻就能叫出她的名字，熱情招呼：「公主好！」讓小女孩一圓公主夢。

同業發想親子遊戲或活動內容，多半交由行銷或企畫部門規畫，但是翰品將會計也納入創新圈的成員，身為媽媽的財務副理洪婉庭，發想出獨家的親子遊戲——真人版大富翁，成功打響歡樂森林的名號，讓入園來客量在一年內大幅提升六成。

由團隊發想的小巧思與創新服務，讓花蓮翰品的住宿散客人次在一年內成長五二%，而翰品的第一線服務人員，從用腦記SOP到用同理心來服務，靠著服務軟實力，經全球權威旅遊評價網站《Trip Advisor》評選，打敗環球影城港灣酒店、香港迪士尼樂園飯店，拿下

「二〇一七亞洲最佳親子飯店」。

一點就通

- 企業轉型，把跨部門員工拉進來參與，不但能找到更貼近客戶需求的點子，更能有誓師轉型的效果，員工會更有意願配合公司轉型政策。

50

變革管理④

台南老爺行旅變「少爺」潮旅

老爺酒店集團創業近三十年後，跨出品牌轉型第一步，成立位在台南夢時代的副品牌老爺行旅——the place（簡稱老爺行旅）。鎖定二十五歲到四十五歲、非老爺傳統客層；員工更大幅年輕化，館內中階主管職平均年齡僅二十八歲，比過去集團主管平均年齡降低三歲，可說以「少爺」面貌，重新出發。

台南老爺行旅總經理唐伯川表示，這是集團最重大的品牌再造工程。台南老爺行旅識別色系則大膽使用紫色，是老爺下一個三十年的新品牌，定位為與在地連結、新潮趣味的設計旅店，且開放國內外加盟，打破過去擁有資產為前提的展店形態，也是全新商業模式的出發點。

走進台南老爺行旅，大廳是穿著五分褲的接待人員；進入客房，由荷蘭設計團隊操刀，以白色木板為底、黑色床框強烈對比，營造的視覺風格，跳脫原本老爺的沉穩保守。另外，房間電話的撥話指示，寫著「打外面」、「打消主意」、「怎麼打」等俏皮用詞；自助餐廳的杯盤，則印有「飽嘟嘟」、「甜吻吻」等台南在地用語，這些都是年輕同仁提出來的點子。

▼一點就通

• 放手讓年輕人玩，是老爺確認主打年輕客層、發展新商業模式之後，執行轉型策略時，由上到下的共識。

51

變革管理⑤

打造菜鳥大軍搶小單，甲骨文變雲端黑馬

甲骨文公司在二〇一七年會計年度（至五月底）財報，全年營收、獲利僅分別微幅成長一．八％與四％，但股價卻應聲漲至五十美元，市值更一舉突破兩千億美元，雙雙創下歷史新高。

為什麼業績平平，市值卻能沖天？答案在甲骨文的雲端業務：全年雲端營收成長逾六〇％，四年翻了三倍。

作風向來以狂妄出名的甲骨文創辦人埃里森（Larry Ellison）難得謙稱：「我們算是某種『一夜成名』——如果你把十年稱作一夜的話。」十年前，埃里森就就已立下目標：帶領技術團隊重寫甲骨文所有軟體服務架構，以因應未來雲端趨勢。

論企業軟體產品的完整性，甲骨文在市場上無人可匹敵，因此當它所有產品全面雲端化後，效益就會相當顯著。這算是甲骨文的先天優勢。但，光這樣就夠了嗎？

KPMG台灣所顧問部營運長曹坤榮觀察，近年與甲骨文區域主管互動過程中，三句中有兩句「言必稱雲端」，「在文化（轉變）上是貫徹滿徹底的，策略執行也是。」的確，

光是技術、產品的改變遠遠不夠，甲骨文還注入了「新的DNA」：一批負責拿下「芝麻訂單」的「輕量級戰隊」：一群年輕、工作經驗淺薄，甚至毫無經驗的業務團隊。

「業務體系要轉變，業務形態是不一樣的，人的轉變要時間，很多業務會抗拒，」甲骨文台灣分公司總經理張永慶表示，「我們過去找業務的來源講白了就是挖角，大家在看的客戶差不多就是這些，現在你要做中小企業，你（指舊業務員）沒有辦法做，做的方式也差很多。」

過去甲骨文賣的是套裝軟體，客戶一用就是五年到十年，簽約金龐大；但是在雲端時代，所有服務都是用「租」的，沒有長約，金額又小，客戶還四散各處，業務模式與過去完全不同。

於是，甲骨文刺激內部發生質變的方式，是一年多前開始在各區成立數位業務團隊（Oracle Digital）。以亞太區為例，去年就招募超過一千名新業務，其中大多數是剛畢業的新鮮人。他們的任務就是負責拿下金額小，但數量多的中小企業訂單；找客戶的管道，不再只看檯面上的大企業，轉而從LinkedIn、臉書、Line等社群媒體開發新業務。

張永慶指出，養成菜鳥業務團隊的挑戰在於，過去甲骨文用人採取挖角方式，因為他們對產業夠熟悉，必須立即對業績做出貢獻，但是，菜鳥則必須從零開始。「教育訓練體系完全改掉，付出很多成本。」他說。

甲骨文甚至破天荒成立「業務與合作夥伴研究院」，發展出一套系統化、跨國大型培訓計畫。KPI設計也以雲端至上，賣雲端產品比賣套裝軟體的獎金還高出數倍，藉此改變員工行為。

如今，甲骨文在全球有大約三分之二的新客戶，是由這群全新的數位業務團隊所拿下。

一點就通

- 企業內部轉型，和新創公司一樣，不光產品形態和銷售模式要從頭思考，人才與企業文化更是決定成敗的關鍵。要徹頭徹尾，用不同的腦袋來引領創新。

52

變革管理⑥

高絲丟掉七十年老經驗，反而多賺兩倍

二〇一六年是高絲（KOSE）創立七十週年，營業利益逼近四百億日圓（約合新台幣一百零五億元），一舉超越營收三倍的第一品牌資生堂。以營益率一四·七%來看，更將花王美粧的八·五%、資生堂的四·三%拋諸腦後，榮登日本「最會賺」的化妝品牌。從高端到中價格、以至於平價，全品項都表現優異。

不過才六年前，不敵開架藥妝低價搶市，高絲仍還處在公司口中「寒冬的年代」，瀰漫著倒閉的危機感。當年的營益率將近七%，只比資生堂高出一個百分點，卻靠著集中資源並削減開支，一步步拉開距離。

從二〇〇七年高絲集團社長小林一俊上任之後，開始所謂「守成的改革」，啟動Reset（重新設定）方針。將旗下的四十多個品牌，聚焦在主攻三個品牌，分別是DECORTÉ（黛珂）、雪肌精、Jill Stuart（吉麗斯朵）。並盡可能刪減非重點的品牌開支，甚至一點錢都不花。一直到二〇一二年，守成告了一段落，才進入「進攻的改革」，開始追求營收、獲利的成長。

高絲成立已七十年，一定會有表面上看不見、事實上沒有效果的支出。不管哪家公司，都會有不好的積習。小林一俊要求全公司不管哪個部門，一切「歸零」。若需要支出行銷、管理費，一律重新申請，也果然達到節約效果。

在守成的階段，營收停滯。但是既要節省開支，又要拉抬營收，這兩者很難取得平衡。既然公司決定以守成為方針，就算營收不見成長、獲利的提升有限，也只有忍耐，只專注在Reset一件事情上。

把重點品牌壓寶在十分之一不到的產品，高絲內部也很不安。其他品牌的負責人，也一樣想要超越競爭對手、一樣想要做出一番成績。不管對部門也好、員工個人也好，雖然不安，也只能信任公司的經營方針，繼續執行下去，就這樣持續了大概兩年，才慢慢看到成果。

一點就通

- 企業轉型，要有聚焦的勇氣和決心。
- 保持「歸零」的心態，隨時能坦誠檢視公司隱藏的缺失，做出改變。

53

別怕犯錯

失敗了？開一場派對好好慶祝吧！

美國文化接受產業發展必會遭遇失敗的過程。有些企業把失敗當作上天賜給他們最好的禮物，甚至還用嘉年華會的心態面對它。如禮來藥廠從九〇年代開始，就舉辦「失敗派對」的活動，向公司那些進行試驗，但以失敗告終的科學家致敬。印度的塔塔集團會頒給員工「年度最佳失敗獎」；寶僑也鼓勵員工在考績時談論自己的失敗。奇異（GE）公司前總裁威爾許（Jack Welch）也曾對記者說：「當部屬失敗的時候，我們甚至舉辦慶祝會，因為他們嘗試過了。」

▼一點就通

- 對企業來說，失敗也可以管理。獎勵失敗，不以錯誤為恥，才能激勵員工勇敢創新，將打擊士氣的失敗轉換成「有益的失敗」。

54

依專案組團隊①

TeamLab不分部門，有案子再成軍

誕生於網路年代的日本科技創意公司TeamLab，是一家全新形態、難以歸類的公司。這家公司裡沒有區分部門，每次接到案子，就由合適的人擔任產品經理，在二百五十人中自由挑選二到十位成員組成團隊。而就是這種自由組合的結果，激盪出近乎無厘頭的創意。

社長猪子壽之曾語出驚人：「高級幹部都沒有價值，只會說大話。」崇尚專案式組織的猪子認為，未來企業的競爭力在於科技與創意間的水乳交融，這並不是傳統企業中兩個獨立部門彼此協力就能辦到的事。他堅持TeamLab沒有以專業背景區分的部門，也不需要部門主管、高級幹部，最好是科技和設計領域的專業人士，大家一起做。

你用你的專業成就我的想法、我用我的能力協助你的點子，是他們集體思考的本質。包括猪子本人，都可能在某個案子中擔任小小的配角。

▼一點就通

- 為破除部門的藩籬與各專業間的障礙，連部門都可以取消。
- 組織是為了目標達成而存在，不是為存在而存在。當部門劃分反而造成本位主義、不利於組織目標時，大可取消部門，改依工作流程重組。

55

依專案組團隊②

奧迪康名片不放職銜

生產助聽器的奧迪康（Oticon）執行長科林德（Lars Kolind）將總部的運作方式，改為將行銷、產品等部門打散再重組的專案團隊制。為此，每位員工都有專屬的活動櫃，當轉換專案小組時，只要帶走桌上的名牌、拖走活動櫃，就能換位置，開創行動辦公室（Mobile Office）先河。而科林德也很早就具備「知識工作者」的概念，為了讓員工更具創新能力，他破除階級制度，員工的名片都沒有頭銜，因為頭銜不重要，個人表現才是關鍵。

一點就通

- 管理知識工作者，要尊重每個人的專業和實力，而非以頭銜做階級式的權力區隔。

56

有效激勵①

淘寶同事每個都有藝名

阿里巴巴集團人力資源部平台副總裁盧洋曾說，進入淘寶要學會的第一件事情就是倒立。倒立哲學跟淘寶戰略一樣，一切都倒過來想，用另一個角度看世界。

阿里巴巴集團內，品牌管理公司執行長的名片沒有職稱，只有綽號「叮噹」，設計總監則叫「三藏」。辦公室都以動漫命名，或叫「飄渺峰」、「光明頂」、「俠客島」，盧洋綽號則是「鷹王」。會議室是個超大球池，所有人開會坐在球池邊上，如果有人遲到，就自己跳入球池；覺得無聊，可以踢球玩一玩。淘寶舉辦的供應商活動，常自稱是「武林大會」。

▼一點就通

- 想激勵員工，要讓辦公室變有趣。

57

有效激勵②
山口電器行以「社內金氏紀錄」提振士氣

位於東京都町田市郊的「山口電器行」是一家貫徹型顧客服務的小電器行，曾同時被六家家電量販店夾攻，卻能連續十五年獲利，毛利率更高達三九・八%。社長山口勉對業務員有一套獨到的管理方法。

山口電器行不定期舉辦「社內金氏紀錄」活動，例如指定「太陽能發電器」、「熱泵式電熱水器 EcoCute」等為競賽項目，賣出最多指定產品的人即可獲得獎勵金，打破歷年紀錄的員工，就列入山口電器行的「金氏紀錄」。

說是競賽，其實更像是一場可以輕鬆挑戰的趣味競賽。例如山口電器行曾在二〇一二年年初舉辦冰箱大拍賣，當時一週若能賣出二到三台冰箱已經算是非常好的成績，但沒想到竟有員工連續九天賣出，刷新了山口電器行有史以來的紀錄。山口勉社長當天就會以獎勵金表揚員工的優異表現，並列入「金氏紀錄」，等待下一次的挑戰。

一點就通

- 提振員工士氣，發放獎勵金、授予榮譽，做法非常簡單，收效卻最大。
- 社內金氏紀錄活動是很好的員工教育訓練，可以利用這個機會觀摩彼此的銷售方式，分享成功案例。假如員工不諳於銷售某一類產品，便可藉此向表現傑出的同事學習。

58

有效激勵③

治裝感謝金

山口電器行的山口勉社長每年都會接受幾十場演講邀約，且都會將主辦單位給的演講費存到公司帳戶。在每年會計年度結束前，除了業績獎金，這筆演講費用也都回饋給員工。

不過這筆由演講費而來的回饋金，山口社長指定員工要使用於治裝，所以稱為「治裝感謝金」。原因是業務工作必須與顧客面對面接觸，需要更重視自己的門面，社長希望員工能夠投資在西裝、襯衫、領帶上，嶄新的外在，讓顧客眼睛為之一亮。

▼一點就通

- 社長將自己的業外收入歸入帳戶變成獎金，對員工表達感謝，同時關懷員工的形象，是一舉擄獲向心力的好方法。

59

有效激勵④

海爾讓有貢獻的員工留名

中國最大家電集團海爾首席執行長張瑞敏在接受專訪時曾說：「每個人都應該因創新而受到鼓勵。」正因為如此，只要員工做了不平凡的貢獻，即使只是清潔工，也應獲得獎勵。海爾有一個傳統：以員工名字來命名因其貢獻而創造出來的新產品、零件或是製造流程。例如「曉鈴扳手」、「啟明焊槍」等，目的是鼓勵員工主動創新、自我表現，讓員工知道，每個人都可能是組織裡的明星。

一點就通

- 榮譽，是激勵員工創新最不花成本的方法。

60

培養接班人

面面俱到的交棒計畫

接班人上台若要名正言順，時機非常重要，左右能否服人的關鍵。有兩種指標：接班必須要「有戰功」，也必須要「有人馬」。

宏碁創辦人施振榮指出，戰功是最重要的指標，沒有戰功，一定會招致同等職銜員工或競爭者的不服。對此，惠悅管理顧問公司大中華區總裁黃世友建議，主事者可將心中隱而未顯的候選人，先放到一個可以表現的位置，最好是大家都不願意接下的重擔，例如調往虧損連連的子公司總座位置，一方面可以藉機觀察他的能耐，是否真有能力使其轉虧為盈；一方面則是讓成績成為說服眾人的條件之一。

接著，在正式宣布以前，繼任者的團隊是否完全建立，攸關接班成敗。此時，主事者要一一把關：忠於新任執行長的班底是否到齊？是否能夠形成獨立決策圈？以及這個團隊成員的素質高低。因為宣布後，公司可能損失原執行長的旗下人馬，接任者必須有能力獨當一面，才是正式宣布的好時機。

若一批共同創業打拚的老臣不能認同新人的理念甚至從中作梗，將成為接班計畫中的絆腳石。而這樣的老臣一旦開除或不光彩的下台，會立刻影響士氣，甚至造成公司專制的形象，也非繼任者樂見；但是繼續留任，往往使得流言四起，公司亦無法團結。經緯智庫暨保聖那顧問公司總經理許書揚建議，不妨將最關鍵的反對派主管調任董事長特助，為接班人搬開石頭。一方面轉移他的直接主管，到當年共同創業的董事長之下，可減少摩擦；另一方面，「這個職位可大可小，」許書揚解釋，「可以是一個等同副總的職銜，也可以只是助理的性質。」可以視為高升，或是明升暗降，端看此人原有的能力，並依此賦予他高低不同等級的新任務。

政大企管系教授管康彥表示，最積極的做法，就是將現任執行長對部屬的培養訓練，當作他的績效指標之一。當一位執行長能培養出新人才，足以換掉他自己時，應該得到最大的獎勵報酬。這樣人才有自然輪替的機制，才可能「青出於藍而勝於藍」。

一點就通

- 企業接班是件複雜的大事，主事者須步步為營，避免解決了一個問題，卻製造出更多問題。
- 通常董事會容易為接班候選人做的，是給予其權力，使員工「口服」。不過要使人「心服」，最好是對他升任前應有的績效，先訂定明確的目標，使旁人有共同的觀察標準。以挽救子公司績效為例，他應在幾年內做到？是以稅後淨利為標準，還是每股盈餘？都應詳細並合理訂定。

61

落實代理人制

摩根富林明主管強迫休假

摩根富林明有一項特別的措施，就是強制經理人連續休假：凡管理職級以上的經理人（約占員工的四七％），每年都要休一次長假，前後十天，加上例假日有兩星期。依規定，這兩個星期內，經理人不得刷卡踏進公司一步、不能開電腦、不能上內部網路、不能收電子郵件，如果被稽核單位查到明明是該休假的時間，卻在公司電腦系統裡留下「蹤跡」，休假視同無效，還要「再休一次」。

強迫休假制度能在摩根富林明執行得很徹底，主要有兩個原因。其一，內部有稽核單位，不定期抽查經理人的請假紀錄，並且將休假狀況列入考績。其二，每一季，每部門都必須更新代理人清冊。平時每個人遇到重要的事，須隨時通知自己的代理人，每個人也都要有「隨時要代理別人」的觀念。

該制度的目的是為了落實代理人制度，不會因為任何一個人不在，而出現營運上的風險或中斷，公司必須強制經理人休假，好讓代理人發揮作用。

強迫休假會讓摩根富林明的主管們，往往在還沒開始休假時，就做很多的交接。當大家都支持這樣的制度，就會知道遊戲規則，沒有灰色地帶，也間接促成同事彼此更好的團隊合作，分享的精神取代了本位主義。

一點就通

- 企業的職務代理制往往不易落實，一旦有緊急需求，往往會出現青黃不接的狀況，成為管理上的一大風險。

62

缺席管理

巴塔哥尼亞歡迎蹺班去衝浪！

美國戶外用品公司巴塔哥尼亞（Patagonia），被評選為全美百大最值得工作的公司，證明了綠色企業是可行的商業模式。

巴塔哥尼亞加州總部的大門口，門板上鑲著這句話：「在死掉的星球上，沒生意可做。」當山跟海都消失了，人們也不可能去爬山、攀岩、衝浪，一個戶外用品公司也勢將倒閉。因此即便員工離去加入環境運動，只要能把自然保留下來，對公司來說都是一門好生意。

創辦人伊方・修納（Yvon Chouinard）自稱是一個「不情願的商人」，一九七二年開始從商，完全只是想賺點錢付登山、衝浪的帳單，好讓他可以繼續玩。伊方曾私下跟朋友說：「我才不要讓華爾街那些油腔滑調的人來管我的公司！」他相信，對的事要用對的人來做。所以巴塔哥尼亞雇用的員工少有MBA學位。理由是「找一個抱持既定觀念的商人，讓他吸收攀岩或泛舟等運動知識的難度，遠遠高於教一個熱愛戶外運動的人去做某份工作。」

雖然不用MBA畢業生，但伊方發明了一套「MBA」管理方法，中文直譯「缺席管理」（Managing By Absence）。他聲稱，很多點子都是在他站在河裡釣魚想出來的，所以他制定了「讓員工蹺班去衝浪」的公司政策。

這不是一句口號，真正的衝浪者都知道，要在浪夠高、潮水和風向都對的時候去衝浪；同理，也只有在下過雪之後，才能滑雪。這位怪老闆相信，工作可以等，但天氣不能等。員工知道如何自己去調配，根本不需要公司一天到晚監督，而且每一次的使用經驗，還能回饋到產品的改良上。這項政策，曾被美國《商業週刊》選為全美年度最棒的十大點子。

▼一點就通

- 專注自己的事業初衷，提醒自己別做殺雞取卵的事。

63

創新激發術

貝佐斯把 Why Not? 當口頭禪

亞馬遜網路書店創辦人貝佐斯最愛問「為什麼不？」（Why Not?）這也是避免下屬因為不想冒險，而直接否決創新機會的好方式。

從亞馬遜賣書，到賣百貨、賣平板電腦，當出版商，最後變成賣服務的歷史看來，亞馬遜一點都不「堅守本業」。貝佐斯說，當每個公司考慮是否要從本業轉移到新領域時，問自己的第一個問題常是，我為什麼要做這個？我們有沒有足夠的技能在這領域？但市場變化太快，等到全都想清楚時，機會已經離去。

他說，亞馬遜犯過最多的錯就是「沒去做的錯」，意指公司原應該注意到某些事，並採取行動，取得必要的技術及能力，然而卻沒有這麼做，結果讓機會溜走了。

他避免這種遺憾的方式就是多問「為什麼不？」這也是避免下屬因為不想冒險，而直接否決創新機會的好方法。

以 Kindle 為例。假如貝佐斯依照「為什麼做」的思考邏輯，亞馬遜是網路服務出身的軟體背景，資源看來不足，根本不應該跨入硬體產品設計與銷售。

但貝佐斯卻問，既然客戶有需要，為什麼不做？因為沒有硬體技能嗎？那就去找外面懂得硬體的外包廠商合作；是因為書籍廠商不會授權做電子書嗎？那不能說服他們嗎？因此，每次的「為什麼不？」都逼亞馬遜增加核心技能，因此墊高競爭門檻。

一點就通

- 亞馬遜不是要教大家亂槍打鳥的布局。關鍵在於，亞馬遜自我定義核心事業是替顧客提供網路買賣的服務，所以才沒有遠離核心競爭力。

64

用震撼教育帶兵
海爾砸七十六台冰箱，成經營大師

海爾的執行長與創辦人張瑞敏在一九八四年接手青島電冰箱廠時，將庫存的電冰箱全部檢查一遍，挑出七十六台有瑕疵的電冰箱，將這些電冰箱搬到工廠廣場上，要求工人在全體員工面前掄起大槌敲壞自己生產的成品。當時一台電冰箱的價格相當於一名普通工人二個月的薪水，工人親手敲毀自己的血汗結晶，帶來極大的震撼，卻也打下海爾堅持品質的基礎。從一九八四年到一九九一年的七年裡，海爾只生產電冰箱，在這段練兵的日子中，張瑞敏把品質及品牌的理念深植在海爾員工的心中。

▼一點就通

- 張瑞敏曾說，「無形比有形更重要，用無形資產盤活有形資產，要靠人來實現。只有先盤活人，才能盤活資產，而盤活人的關鍵就是更新觀念。」
- 部屬犯錯，責備、懲戒不一定管用。讓他真正了解過失所在與造成的後果，才是讓他真正服氣，進而徹底改變的關鍵。

第 3 章

高品質的生產過程

65

魔鬼細節

「奈米級」南投紙廠打進蘋果供應鏈

南投埔里手工紙業沒落多年，如今出了一家蘋果供應商。每支 iPhone 的電波屏蔽紙（編按：阻隔電磁波干擾人體）就產自這裡。

一九六八年，中日特種紙廠由長春棉紙廠與日本合資創立，從 Prada 的紙袋、微熱山丘鳳梨酥的包裝、建材防火紙，到紅極一時的故宮「朕知道了」紙膠帶，都有中日的身影，在台灣市占率達七成，為國內最大特種紙廠。

中日和民生紙業大廠正隆、永豐餘走完全不同的路，後者大量生產，以規模取勝，中日產品少量多樣，靠技術、機能墊高價格，客戶橫跨逾十種產業，超過一萬家企業，品項超過五千種。中日即使是最便宜的產品，都比正隆貴兩成到三成。但要賣比別人貴並不容易；尤其要跟上更新速度快的科技業客戶，即使是紙廠，同樣必須加入「奈米」級的競賽。

以 iPhone 使用的電波屏蔽紙為例，「我們光要讓這張紙從〇．〇五公厘，降到〇．〇一公厘，就花了十八年！」長春紙廠第二代、中日特種紙廠董事長陳濤聲說，這〇．〇四公厘，最大挑戰是紙張除了要比衛生紙更薄更輕、還要夠強韌、不會被扯破，才能轉交下游電鍍加工。

七個生產階段各有超過二十個影響成品的控制點，相當於一百五十關都要找到最正確的參數，否則一步錯，就回到原點。最初四年毫無成果，只能任由機器空轉，為此耗費的成本難以估算。

以原料為例，因為日本廠商從源頭開始壟斷，取得製作屏蔽紙的聚酯纖維都要靠關係。接著，為追求極致的薄，纖維的排列方式都會影響拉力，必須靠特殊設備協助。因此，中日買了兩台單價近兩億，機台長十公尺、高三公尺的特殊抄紙機。

這四億，在外人眼裡可能只是一般的設備投資金額，但對年營收不到六億、淨利僅五%的中日來說，是不成比例的鉅額投資。陳濤聲說，台灣特種紙業年產值也不過就十億，「只剩我們還有勇氣做這種事。」

後來，中日從液體的水量，流入時機點、速度、水溫等，慢慢測試，在十度到四十多度間來回實驗，找到讓幾百萬支纖維均勻分布的參數，再調整最後成型、壓製成紙的輪軸壓力與溫度。終於在試生產二十多種原型後，製成現在 iPhone 使用的、六公克重的原料用紙。

▼一點就通

• 當所有人都認為產業已到盡頭，卻能把「又小又雜」生意做到精，埔里到矽谷，就不再是天差地別的距離。

66

打造生產流程

Zara 建立從下往上反應的快速部隊

Zara公司是一個從下往上建立起來的快速、彈性組織。秘訣是變更（非模仿）伸展台的高級服裝品牌的設計，並讓這些服飾盡快上市。與大部分時裝成衣公司一樣，Zara的原料織布九〇%來自海外。但不同的是，Zara沒有把產品的製造轉包到亞洲或拉丁美洲，而是自己製造。不像其他公司一次就製作上萬件新款，Zara可以只少量製造，依據前幾百件貨品的銷售成績再決定是否繼續。如果該產品看來會熱賣，公司可以連夜加速生產。

可以看出，Zara擅長兩件截然不同的事。首先是調整自己以便預測並配合顧客千變萬化的需求。第二件是統合數萬名員工的行動與決策，一絲不苟，讓全體員工將精力和注意力都集中在同樣的目標上：製造並販賣人們想要的衣服。

一點通

- Zara取法高級服裝品牌設計概念，卻讓一般人都買得起，而且及時，就是靠生產流程控制。
- 產品若由內部生產，扣除中間人，可保有更大控制權，且產品可較競爭對手更快上市。

67

目標管理術
喬山健康科技的「家庭聯絡簿」

全球前三大運動健身器材集團喬山（Johnson）健康科技，自草創至今已四十多年。創辦人羅崑泉認為，員工要確實達成目標，不只是訂定標準作業流程與績效指標，更要累積每一天的工作成果，因此設計出「工作日報表」。

每天一早，員工要填寫「工作日報表」，即填上今天內要完成的工作內容，紀錄簿上也有主管批示的昨日工作結果與建議。在工作日報表中，每個人都詳列出每小時的工作內容，甚至還有異常分析及對策、計畫達成率，每天員工下班時，自行算出計畫達成率後，交由主管批示。曾經當過小學老師的喬山董事長羅崑泉將工作日報表戲稱為「家庭聯絡簿」。

「工作日報表」共有三大功能：

第一，做為統計喬山全球四千五百多名員工每月績效的工具。

第二，可培養員工目標管理的習慣與意識。這本簿子每天都擺在桌上，員工每天都會看到，各部門主管也要每天批閱，也就能夠確保目標管理精神更徹底落實，而不是徒具形式。

第三，做為員工與主管溝通的介面。透過工作紀錄簿，主管可了解每個員工的能力，而在平時給予不同的目標及獎勵。同時針對每個員工無法達成目標的問題溝通，讓組織的目標設計更合理。

▼一點就通

- 從細節處管理，每天改善，就能天天朝目標邁進一步。
- 日報表是內部溝通的利器。

68

現場實務智慧

「警示燈管理」成功的秘訣

「豐田管理」的核心價值之一是充分利用第一線員工的智慧。成敗關鍵在於要員工勇於坦承錯誤，並從中發掘問題。更重要的是，主事者必須先要有容忍新錯誤的雅量，營造不掩飾錯誤的企業文化。

為了鼓勵揭發錯誤，豐田特別設計「警示燈管理」機制，鼓勵第一線的員工主動發掘新錯誤。設計相當簡單，就是在每位生產線員工身旁裝設一個按鈕，只要員工在裝配自行車零件時發現出錯，即壓下按鈕，此時裝設在天花板的警示燈即會亮燈顯示。

生產捷安特自行車的巨大機械公司也導入豐田的「警示燈管理」，但是執行了三個月，看板警示燈「很符合人性」從未亮過，當然也未見工廠生產效率明顯提升。三個月後，看板警示燈第一次亮了起來，有一名員工在裝配零件時出錯，誤將不同規格的零件組裝在一塊，由於無法隱藏，只好招認。

這項錯誤發生後，巨大總經理羅祥安並未責罵該員工，反而向他致謝。總經理的小舉動，揭示了新的公司價值，對推動巨大的改變有相當的效果。此後，巨大員工願意利用「看板管理」承認錯誤，巨大因此產生不斷發現錯誤進而改善的機制，而成為全球標竿企業之一。

▼一點就通

- 「警示燈管理」目標在「管理品質」，而非「警告員工」；一個好制度，也要以正確的管理心態來執行，才能有效。

69

拆解作業流程

逆向思考的效率術

日本有家門庭若市的義大利料理家庭式連鎖餐廳「Saizeriya」，它吸引顧客的特色是，餐點便宜，上菜迅速，這也正是它與其他家庭式餐廳最大的不同點。

點完餐後不到兩分鐘，服務生就送上沙拉，六分鐘主菜即端上桌。所有顧客都能在十分鐘內享用到餐點，這種供餐速度絕不是其他家庭式餐廳所能做到的。

廚房的出入口大約每隔二十至三十秒，就有店員從裡面端出料理，送到顧客面前。走回廚房時，會順便觀察四周的餐桌，收回空碗盤、整理桌面，或準備迎接下一組客人。

這個擁有特殊技能的團隊，究竟如何一邊維持低價格，一邊創造傲視群雄的高收益率？社長正垣泰彥回答：「所有的動作都是有意義的。」

原來，Saizeriya 在神奈川等地設有中央廚房以集中烹飪調理，所以在各店鋪幾乎不需要烹飪調理工作。此戲劇性的成果是因為「逆向思考」的策略：否定原來的作業模式，從完全相反的方向出發。例如原本製作披薩的餅皮是在工廠進行「自然解凍」，這項作業只要一個工人即可完成。但是由於送到各店鋪的解凍情況不一，反而增加各店鋪做品質確認與篩選的工作。Saizeriya用逆向思考的手法，否定自然解凍的常識。在工廠配置兩位工人，定時的搬運更換披薩餅皮的儲放位置，以維持恆溫管理。雖然在工廠方面增加了兩個人力，但是之後的作業流程得以一氣呵成，也穩定了披薩的品質。

正垣社長也將每天的作業內容量化，逐一消除不必要的動作。例如廚房的作業內容中，連關節要彎曲幾次都仔細分析，再持續不斷的思考出比較不累的動作。Saizeriya的作業關鍵就是「輕鬆」以及「快速」。各店鋪裡大部分的工作就是加熱與擺盤，廚房甚至沒有菜刀。每道料理的調理時間，最久的也只需八分鐘，所以能在短時間內上菜。

一點就通

- 有時要打破SOP，用逆向思維，重新建立新的工作方法。
- 仔細管理每個流程，去蕪存菁，每個人力可以創造更大的營業額。

70

工作分配法①

迪思科把工作拍賣給員工！

晶圓切割機、研磨機等半導體相關精密加工設備大廠日本迪思科（Disco）有個特殊制度，二〇一二年起，改採讓員工以拍賣方式取得工作的方式。所有業務都必須「標價」，拍賣流程則是「找出適當價格」的機制。

以應用事業部來說，晶圓的「試切」（Test Cut）業務就是拍賣物，指的是藉由免費試切，讓客戶事先確認導入迪思科產品會帶來何種結果，又該如何運作的一種服務。由於試切多半會涉及客戶的最尖端技術，因而迪思科得以接觸客戶的重要商業機密，進而培育出優異的競爭力。由於採拍賣方式，想承攬的員工依據交貨期限、切割難易度等因素競相提出發包價格。

為什麼公司要引進如此費事的制度？關家社長曾說：「我想把所有業務都變成遊戲。」能營造出讓員工快樂工作的職場環境，公司自然會越來越強大。

此外，它也產生重新發掘公司內部資源的附加效果。迪思科每年會針對全球三千家客戶進行一次「顧客滿意度調查」，此問卷的自由填寫欄內會出現用九國語言所填寫的意見。雖然只是短短幾行字，但過去一直是委託國外的營業單位或翻譯社代勞。不過透過公司內拍賣，九百份翻譯文件瞬間便以一字二十日圓的價格全數敲定。不少員工擁有與本業沒有直接關係的特殊技能，善用這樣的人才，可確實減少資金外流。

▼一點就通

- 大膽做內部外包，可能會引出意想不到的績效及成本撙節。
- 相較於上級指派工作，「自己的工作自己選」是激勵員工的一大誘因，也能加強員工的責任感。

71

工作分配法②

淘寶主管提新專案，要在內部「招標」

在淘寶，主管若提出新專案，要在內部「招標」。如果十個項目，有兩個沒人選，該任務就會被廢除，這代表主管提出的事讓人沒有意願去做，不可能做好。而剩下的八個任務，如果有很熱門的，就請員工自己提案角逐，自行選擇跟誰合作。

在這裡，當員工想做其他更有興趣的工作，主管就不該阻擋。只要工作滿一年，績效達到水準，員工要輪調到任何部門，不需要原主管同意，只要新部門老闆認可就行。現在，淘寶各部門「新人」，就有兩成來自內部輪調。甚至，員工要晉升，也可以自主申請，有一半的晉升，都是由員工自己提出的。

一點就通

- 授權知識工作者自我管理，事情會做得更好。
- 對於講求創意的產業，主管如果不給員工發揮的自由，也等於關上創意的大門。

72

工作提速法

佳能員工站著工作

位於埼玉縣秩父市的佳能電子（Canon）總公司，最吸睛的就是桌子特別高，以及椅子很少，不只生產現場，連辦公室原則上都是站著工作。

佳能電子酒卷久社長曾說：「在消除浪費的過程中，生產現場提案建議把椅子撤出。」一開始的時候只有生產管理部門實施，但是後來想想，製造部門都站著工作，只有管理部門坐著反而奇怪。實際試驗後發現，一直站著可以提升工作速度。

站著工作，工廠內一有什麼狀況，就能馬上趕到現場。之後採購等部門也開始實施。最有效果的就是會議，坐著開會時，最長曾經高達十六小時。現在站著開會，頂多三小時就可結束。

▼一點就通

- 上班的環境不一定要是ＯＡ辦公家具和隔板。企業變革，就是要打破「理所當然」的思維，把「不可能」變成「為什麼不……」。
- 海明威曾說：「坐著寫作太舒服，容易寫出一堆廢話；站著寫容易專注，寫出簡潔精鍊的文章。」開會也是如此。

73

德國式效率

斯蒂爾「以慢擊快」

德國電動工具製造商斯蒂爾，即使產品在市場上最貴，仍占有一席之地。大部分員工都是由學徒訓練起，在執行長肯希爾拉（Bertram Kandziora）眼裡，他們都是「優秀的工匠」。為了留住「最好的人」，就要更能確保持續獲利。因此，公司花費極大的力氣與時間研究如何簡化流程、同時保護員工，一舉一動都不浪費力氣，這種「以慢擊快」的策略，重新定義了效率，許多打底的工作流程設計，短期看似讓企業成長較慢，其實卻在累積長期的競爭效率。

舉例而言，他們發現，電動螺絲起子在停止使用時，會形成一道扭力，傷害工人的手腕。於是就設計一款護具，包在電動螺絲起子外面，扭力會直接加到護具上，員工就不會受傷。這樣的設計，看似與效率無關，但保護有經驗的資深員工，公司才可能生產高品質的產品。

斯蒂爾透過詳細研究每一個動作、每一個流程，讓組裝的過程更有效率。但重點是要先花時間徹底研究，工程師得詳細計算，找到正確的解決之道，讓人可以正常完成他的任務，生產流程就可以自然縮短。

一點就通

- 先看清問題本質，再思考降低成本的模式。
- 穩定的人才和流程，比分秒必爭的速度競賽，更能確保生產效率。

74

跨部門員工決策術

惠普模擬組成決策市場

九〇年代末，惠普公司曾經利用「人工市場」實驗，預測印表機的銷售情形。基本上，就是由惠普公司群聚不同部門的員工，以確保市場的多樣化，然後要他們按照認定下個月或下一季的價錢，來買賣公司股票。

人工市場參與的員工並不多，大概只有二、三十個，每個市場都只經營一週的時間，供員工在午休或黃昏下班時買賣。但是在三年實驗期間，該市場有七五％結果都比公司自己的預估更接近實際。

這種由不同部門員工所模擬組成的「決策市場」，可以避開公司內部阻礙資訊流通的障礙，例如，內鬥、心結、阿諛奉承，把知識與地位混為一談。

由於決策市場具有匿名性，且能產生相當清楚的答案，促使參加者努力找出好的資訊，據以做出反應，這些都意味著市場擁有極大的潛在價值。

一點就通

- 在上位者應該認清自己的知識有限，而且個人的決策也有限。
- 管理學大師杜拉克曾經說過：「最聰明的企業總裁，會細心地在身邊建立一個管理團隊。」群體的智慧，以無障礙的方式（如匿名或營造鼓勵意見反映的文化）匯聚起來，遠比單一個人更接近市場脈動。

75

員工收支紀錄①
以個人為單位的收支制度

精密加工設備大廠日本迪思科於二〇一一年十月引進「個人 WILL」會計管理制度，簡單來說，就是將員工收支可見化。

以業務員而言，產品的售價就是他個人的「營收」，自己的薪資、委託事務人員代辦作業的成本，以及委託應用事業部進行晶圓試切等作業流程為他的「支出」。財務部門的員工則靠製作預算、進行各種調查等獲取「營收」。

造成其他部門困擾時，則用「痛苦罰金」懲罰。若某產品發生取消訂單或交期變更的狀況，業務部須支付部分產品售價給製造部當作「違約金」；相反的，若某部門造福其他部門，也可以獲得獎金。例如，業務部若能提早在三個月前確定出貨的月份，就能獲得獎金，約產品售價的一〇％。

引進個人 WILL 制度的目的，是讓第一線員工也能感受到管理大不易。實施以來，員工的行為有了變化。例如，原本負責業務的人，會以向客戶推銷自家產品為優先考量，而在 WILL 制度下，業務員會自行斟酌，是否真有必要委託其他部門執行，以免造成支出。

▼一點就通

- 員工切身體會經營管理的不易，更有成本觀念。
- 把經營單位縮小到個人，有助於找出公司哪裡在燒錢。

76

員工收支紀錄②

海爾家電的「資源存摺」

中國海爾家電集團首席執行長張瑞敏設計了一個「資源存摺」，上面寫有支出和收入。舉例來說，如果一項產品需要銷售三萬台才能夠打平，但最後只賣了一萬台，設計人員資源存摺上的支出欄就會記載兩萬台產品的「負債」。

公司並不會馬上叫他賠錢，而是激勵員工下次有更好的表現，如果產品銷售得好，就可以把這筆負債抵銷。

▼一點就通

- 無論是管理者或是基層員工，工作表現都要有具體紀錄，甚至量化表示。
- 「資源存摺」讓員工由自己的本事決定存款額度，激發努力的意願。
- 讓員工有榮譽心及虧欠感，工作就會更賣力。

77

借重外部頂尖資源
八五%零組件都外包，只做最擅長的事

二〇一六年六月，只有五十名員工的半導體設備商艾司摩爾（ASML），百分之百收購了當時台灣科技股股后漢微科，引發外界熱議。這位買家來自荷蘭。荷蘭半導體聚落不如美國、台灣完整，卻養出了艾司摩爾這家全球最會賺錢的半導體設備商。

它擊敗所有對手，獨占八成市場，而且還讓原是宿敵的三大客戶：英特爾、台積電、三星電子，搶著投資它，創下科技產業罕見案例。執行長溫彼得（Peter Wennink）直言，正因為草創時期一無所有，所有人只能專心想一件事：該如何運用外部力量，快速成長？

艾司摩爾起初是先聚焦，只做自己最專長的技術，然後其他部分都外包。相較於對手尼康與佳能一條龍式的生產，一台要價數十億的微影設備，約八五%的零組件外包生產。

艾司摩爾有超過六百家供應商，遍布歐美亞洲，橫跨材料、光學、機械各產業，按照摩爾定律，半導體製程每十八個月演進一代，為了跟上速度，它跑遍世界各地，找最頂尖的供應商合作，不用受限於組織內部壓力，更能放手一搏。

和光學鏡頭廠蔡司（Carl Zeiss）將近二十年的合作，便是一例。一九九九年，艾司摩爾

為了提升影像清晰度找上蔡司合作，尚未正式量產的EUV微影設備，蔡司得想辦法克服物理限制，把誤差範圍控制在奈米的千分之一，成為艾司摩爾最倚重的供應商。

艾司摩爾的角色就像球隊隊長，要讓六百位「球員」供應商效命，背後則有一套嚴謹的管理手法。

由於半導體容易受景氣波動，為了控制風險，在新一代設備生產出來前的一年到一年半，艾司摩爾就必須把零組件外包出去，提早調度供應鏈。要成為艾司摩爾認可的供應商，往往得經過三、五年考驗，在設備量產前，就得一起開發產品。

艾司摩爾相信，自己的腦袋，比不上眾人合作的腦袋。「我們相信外頭一定有人可以做得更好……，所以我們和大學、研究機構、供應商合作，當有人問我，艾司摩爾是一家什麼樣的公司，我會說它是一個整合性的知識網絡。」溫彼得說。要能跟他人合作，反而更須了解每個細節，才能辨識出每個合作夥伴提供的產品好壞，做出最漂亮的組合。

一點就通

- 當產品生命週期縮短，研發成本提高，企業要找到成長動能，更應該打破「凡事靠自己」的迷思，利用外部資源，共同創新。
- 利用外部資源，並非大企業專利，小公司反而更有彈性向外求援。

78

歸零思考

他賣桌椅比別人貴五倍

在台灣，家具產業的現況是，多數廠商轉移陣地到東南亞，代工模式陷困境，轉做品牌大不易，但彰化這家廠商撐過來了。

當多數家具產業隨著客戶腳步，將陣地轉到東南亞、中國時，彰化鹿港卻隱身一家根留台灣、大賺日本無印良品和美國零售商沃爾瑪（Wal-Mart）錢的家具業者——可貿；更難得的是，這家公司還轉型做自有品牌，一張辦公椅在歐洲售價六萬元，比無印良品平均一張約八、九千元高出五倍多，還獲得德國紅點設計獎、國家磐石獎等。

一九九〇年，可貿董事長可文山靠一張電腦桌椅代工起家，做出大量生產、千元不等、沒有美感的桌子、椅子，但是日子過久了，就漸漸失去了動能。關鍵點來自二〇〇八年，營收從約七億元掉到三億元的震撼，那是可貿創立十八年來的首度虧損，激起了他的危機意識。

可文山自剖當時的深刻體會：「要當定義者，不當跟隨者，只有走向國際高端市場、具備自有品牌，才能賺到創新價值財。」

轉型最大挑戰在於組織變革衝擊。可貿原本只有懂製造的人，現在要從接單生產考慮到計畫出貨，就要跨部門合作；要有設計美學思維；甚至如德國人造車一樣，從產品端生產一開始，就要有服務最終端顧客概念等。有人因為要身兼數職而離開，或想改變，但行動改、心態動不了。

從員工到老闆，統統先把自己歸零。他們先從員工著眼，可文山夫妻倆每天掛在嘴邊的是：要在製造中放進美學思維。講還不夠，還要有行動。他們將員工一群人從台中拉到歐美品牌家具店，各部門打散，組成小組，請他們將現場觀察寫成報告，讓員工清楚什麼是好設計，情境式學習讓他們熟悉幾百元椅子和上萬元家具的差異。

他們還會在忙碌的生產空檔，全公司一起看可以激發品牌、品味的電影，如觀賞《壽司之神》，讓員工了解什麼是職人。「重點是讓他們『感受』，有使用者的體驗，才能擺脫製造思維，」可文山的做法是從員工內化做起。

勇於割捨之後手就空出來了，投入研發資源朝高級化發展，可貿突破「工業產品一定越做越便宜」的魔咒，以往代工時期，一張椅子或家具約千元，但轉自有品牌則是六萬起跳，高出五十倍效益。

「代工很容易讓我們忘記自己是誰，因為我們（代工）是 nothing，不是 something，」可文山語重心長的說，這一路挺過來，證明沒有做不成的事，只看你想不想。目前，可貿開發出三個高單價自有品牌，還運送到全球四十多個國家，包括歐、美、日和杜拜等地。

一點就通

- 想做頂級廚師，就該吃過米其林餐廳；見識國際水準，才懂設計品味。設計不該靠天馬行空，而是去體驗顧客的體驗。
- 擺脫代工魔咒，走向自有品牌，陣痛難免，但回報值得。

79

工作像打怪
盛大把線上遊戲點數搬進辦公室

一九九九年，陳天橋和陳大年創立盛大網路遊戲公司，是中國第一個在美國那斯達克上市的遊戲業者。二〇〇八年起，陳天橋創造「遊戲式管理」，將多人線上遊戲的潛規則明文化，實際用在企業管理。

從員工進入盛大集團工作的第一天，就開始處於「遊戲式管理」的場域，每個職務都有相對應的角色任務分配，每個角色都有對應的「經驗值」，每天只要完成自己分內的工作，他們馬上可以從「崗位（職位）經驗值」（以年度為單位，依貢獻度考核得到的點數）獲得點數。

但也像線上遊戲一樣，玩家若只是規規矩矩完成日常任務，點數累積速度會非常慢；要快速累積點數，就要打怪過關練功，累積到一定的點數，升級挑戰更難的任務。這個規則放在盛大集團員工身上，就是必須積極去爭取額外的工作表現，例如跨部門新開出的專案業務，爭取「項目經驗值」。

因為這樣的制度設計，在盛大集團，每年定期四次調職等、六次調薪機會之中，基層員工根本不需要經過主管核可，只要點數夠了，就會自動升官加薪。只有在跳升重大的級別，例如基層跳中層職務與高層職務，才必須由跨部門主管組成的委員會審核認可。

▼一點就通

- 二〇〇六年，美國史丹佛大學教授李夫茲（Byron Reeves）與創投專家里德（J.Leighton Read）就曾在《哈佛商業評論》上「預言」，隨著遊戲世代的年輕人口投入職場，企業早晚要向線上遊戲取經，來修正傳統管理方式。
- 員工升遷不須主管批核，只要積點夠就行。盛大讓升官加薪更透明，激發年輕人「過關」的意願。

第 4 章

讓顧客愛上你的產品

80

從最沒效率的市場切入

船隊像「區間車」，大小站都停

慧洋航運集團主要業務是經營散裝船隊，跟長榮海運、陽明海運的貨櫃船隊不同。貨櫃船只運輸貨櫃這項商品，散裝船的運輸項目則包括木材、穀物、棉花等規格不同的民生物資散貨，甚至包括汽車，經營複雜度更高；堪稱台灣船型最多、數量最大的散裝航運集團。

慧洋董事長藍俊昇創業時，好的市場早被卡位，他從日本收購一艘二手、不到一萬噸的輕便型散裝船，專注於經營一般業者不願意投入的印度市場。在人口多、市場大，產糧食、棉花，又產煤炭、鐵礦砂的印度，客戶常要運輸大米、木材、鋼材與棉花等種類繁雜的貨物，每一次換貨都要裝卸貨與洗艙、掃艙，使人卻步。

印度客戶時間不確定性也較高。藍俊昇曾說：「印度人說等一下，就是三小時後；說明天辦，就是等一個禮拜；如果說下禮拜，那麼是一個月後。」因此，慧洋航運建立了四萬噸以下的輕便型（Handysize）船隊，在新加坡成立辦公室，以調度靈活的機動策略，專門服務印度客戶。他的輕便型船隊像「區間車」，一艘船裝好幾十種散貨，船隊沿岸停靠、大小站都停，什麼貨都載。他一創業就找到印度這個主力市場，攻下生存空間。

一點就通

- 時間不確定性高的客戶，需要最具機動性的服務。慧洋以小船來提供有彈性的服務，管理成本也較大船低。
- 競爭對手放棄的客戶，正是你能提供服務的客戶。

81

決勝新製造

聯華食品用消費數據決定可樂果生產線

走進聯華食品林口工廠，四條可樂果的生產線一字排開，像是大炮一樣長長的輸送管，不斷吐出一顆顆可樂果，牆上看板提醒半小時後，產線該換成起司口味的可樂果；另一個廠區，視覺定位系統正在掃描每一片海苔有沒有破損，製造科長手上的ＰＤＡ正傳送過來下一批堅果混合比例。以前三天換一次線，現在，一天換掉兩次產線已經是家常便飯。

現在，工廠要生產什麼，都根據消費者的行為決定。

當你在便利店買一包可樂果，銷售數據會立即回傳到聯華林口工廠，電腦計算當天通路銷售數字、原物料供應、庫存狀況與促銷活動等十多種變數，計算出四天後最適合生產排程。在二〇〇〇年時，可樂果有三種口味，現在已經有十一種。

二〇〇〇年之後，國際大廠挾帶大量廣告資源湧進台灣，可樂果遇上洋芋片競爭，讓聯華食品驚覺，可樂果的消費者多是三十歲以上逐漸老化的族群。然而，公司平常預估銷售量，常常就是「筊杯」或者「照抄」去年銷售量再加上一〇％，非常脫節。

聯華曾選擇一條沒這麼難的路：直接做多種口味商品，品項一下子由一百多種擴張到五百種以上，但最後卻慘烈收場。最終，聯華痛下決心，把主導權交給消費者，讓後者決定工廠該生產什麼口味。這代表它們必須說服全家、統一便利商店與家樂福等大賣場給銷售數字。此外，從物料庫存、保鮮期到產線稼動率全部都要數位化，工廠才有即時資訊調配產能。咬牙做下去的結果是：過去七年聯華營收成長四七%，淨利成長五五%，高於產業平均。

一點就通

- 新製造革命，起始於大數據、物聯網與自動化生產技術的成熟，它正翻轉整個商業模式。
- 以客戶需求為起點，反過來決定客製化生產與銷售的商業模式（C2B）正來臨。

82

專注需求

Nike 用狂熱態度，做運動員要的產品

每個產業都會有小眾品牌的挑戰。占有全球四分之一市場的 Nike 也不例外。如專注於瑜伽服的露露檸檬（Lululemon）想搶食耐吉女性休閒運動服的市場，崛起的運動品牌 Under Armour 強項是快速排汗的透氣衣，甚至連優衣庫等快時尚品牌都涉足運動服市場。

Nike 能讓粉絲繼續死忠的關鍵就是，專注在自己專長與靈魂上：所有設計都以適合運動員為考量，不斷創新，無關的事，就不做。

Nike 對自己的核心非常專注。在 Nike 的創新廚房（innovation kitchen）內，運動醫學背景的鞋類創新副總監法蘭西斯（Paul Francis），主要的工作只有一個：只專注研究腳踝及足部如何與鞋子和諧共處這件事，好讓運動員的表現更棒。如二〇一二年推出的 Flyknit 系列鞋款，透過紗線和面料升級，要讓鞋子更輕、更合腳。

Nike 賣鞋也經營運動社群。以讓女性擁抱慢跑運動為例，Nike 與蘋果合作開發路跑軟體 Nike+ Running，結合運動鞋及穿戴裝置，能記錄跑者速度、里程、路徑等資訊，提供數據分析，讓大家看到自己跑的進度。甚至還能把姊妹淘、同好拉進社群，這樣，大家就可以

成為運動的好夥伴，互相激勵。

當顧客向 Nike 買球鞋時，可以參加 Nike 初級慢跑課程，用 Nike 軟體記錄進度，然後參加 Nike 的馬拉松大賽，把資訊貼在臉書上，與跑友互相按讚。大家與 Nike 這個品牌已經密不可分。我們可以隨意選擇新品牌，但要脫離一個高度融入的生活圈並不容易。

要做到專注這件事情，領導者的態度也很重要。Nike 現任執行長帕克（Mark Parker）一樣是運動員出身，最早以負責鞋子研發的設計師身分加入公司，鞋履於運動員表現的重要性，他再清楚不過。他非常愛鞋，會隨身攜帶塗鴉本，自顧自畫起來。多數時候他談的不是獲利，而是對產品的熱情。

帕克擦亮品牌靈魂的方法，還是專注。二〇一四年四月，Nike 宣布退出投入四年的智慧手環市場，剝離無關的資產以更聚焦。

面對競爭時，你不是不能反擊，但是核心精神不能跑掉，而讓消費者混淆。就像 Nike 踏入女性運動市場時，若一心只想討好女性愛美的心情，只專注在外表設計上，而不投資運動社群，就不可能掀起今日女性瘋慢跑的浪潮，贏得這麼多女性鐵粉。

一點就通

- 越忠於自己的靈魂，把你的態度說得越明白，你的知音終會看到你，並在市場中給予你應得的回報。

83

市場調查很重要①
皇冠用微信做市調打造爆款

自一九八五年開始，皇冠以 Crown、LOJEL 等自有品牌行李箱包打開中國市場，於六百間百貨公司設點。但隨著中國電商快速崛起，皇冠集團總經理江錫毅坦言，黃金年代已經過去了。對現在的皇冠而言，許多長年信奉的經營邏輯都在改變，就連累積六十五年的產品開發經驗，都會遭逢社群與大數據挑戰。

舉例來說，皇冠過去一向對白色包款避之唯恐不及，因在傳統華人觀念中，會直覺聯想起辦喪事。但近年來，中國年輕人早已不在意禁忌，白色包款更在歐美暴紅，旗下的年輕品牌 JanSport 是否該賭賭看？江錫毅靈機一動：「那放上網路票選，讓年輕人自己決定吧！」

二〇一四年，JanSport 首次利用微信官方帳號舉辦投票，詢問平均十四到二十八歲的訂閱戶：「如果出這個花色，你會不會買？」結果出爐，資深業務選中的款式，十款裡有五款會變成庫存，而微信投票的款式，全數賣到斷貨，其中還有不少黑白混搭的設計。

「經過這一戰，我們徹底體會，如果你現在還堅持過去經驗，在網路時代會非常危險！」江錫毅說。擁有最多數據的天貓也從銷售平台轉型為「可建議設計」的角色，提供業者設計改款的市場訊息。例如，原本行李箱的主流是四輪，但是當網站上的八輪行李箱銷量攀升，天貓就立刻建議皇冠改款，測試市場反應。如今，皇冠所有新款行李箱都已由四輪改為八輪。

一點就通

- 利用網路工具，先市調再生產，可更了解客群需求，並避免庫存風險。
- 隨著流行速度變快，資訊傳播更透明，製造者必須更加倚賴趨勢或數據輔助，才不至於踩空。

市場調查很重要②

便當餐飲請顧客填問卷

經營團膳的殷商食品以經營便當販售事業起家，並且外包團體膳食，創業迄今已近五十年。最高紀錄是在同一時間供應七萬個便當。

殷商食品所經營團膳的安全衛生，有認證制度的保障，而菜單變成最重要的功課。以菜單設計為例，創辦人殷武義會幫每個據點的負責人開每天的菜單。三個星期後，負責人再回饋公司，貢獻自己的菜單出來，殷武義就藉此研究最合適的食材搭配。

殷商善用電腦系統管理菜單。透過專業的營養師群設計菜單，針對不同對象如老人、一般人、幼童、病人選擇食材，不定期對顧客做「菜單問卷調查」，由用餐顧客圈選「最愛」及「喜愛」的菜單，篩選排入電腦。目前菜單已累積上千種，料理方式平均分配蒸、炒、炸、滷，又兼顧配色、營養均衡，組合成最佳菜單，最後還成為循環菜單，每個據點可馬上套用，省時省力。

一點就通

- 只要機制設計好，客戶就是你的免費市調員。
- 電腦系統管理，不分傳統或ＩＴ產業，各行各業都做得到。

85

研發人員親訪客戶

趨勢科技讓工程師直接面對客戶

趨勢科技的國際化管理，最特別的是工程師必須親自面對客戶，而不是公司銷售部門。趨勢科技的工程師平均一年會拜訪客戶兩次，親自溝通產品使用的意見。研發長張偉欽曾說：「花那麼多錢、那麼多時間到處飛，是因為我們很清楚軟體的價值是由客戶打分數，沒有見面，就不懂對方的感受；不了解對方的環境，就不會知道客戶的使用行為，你就寫不出讓他（客戶）感覺量身訂做的產品。」要求工程師直接和客戶溝通，可以讓專案發展循環（Project development cycle，產品從設計到完工的期間）減少四〇%的時間。

想要讓產品賣得好，不僅業務員、管理階層，或是行銷人員要了解各地文化，即使是最上游的工程師，在設計產品的時候，都得體會消費者的需求。

一點就通

- 趨勢科技文化長陳怡蓁曾說：「訓練員工跨文化溝通、合作的最好方式，就是實作。」
- 別讓研發工程師變成象牙塔裡的博士，直接面對客戶，讓研發人員更能抓住重點。

86

滿足顧客單純的欲望

赤鬼將牛排當焢肉飯、阿默蛋糕奉行簡單哲學

赤鬼牛排老闆張世仁是最早將日本章魚小丸子引進台灣的日船國際創辦人。市面上有牛排專賣店，但每客得千元起跳，張世仁想像消費者需求：「如果消費者只是想要好好吃塊肉，怎麼辦？」於是想開家平價、實吃、又有基本服務的牛排。

張世仁說明他創立赤鬼牛排的動機：「客人來，就是為了想吃那塊肉，過自己在家裡想要大口吃肉的癮，就像男生愛吃焢肉飯，扒完吃飽就走人了。」因此，他主張省去高檔服務或自助沙拉吧等所謂的「附加價值」，賣最簡單、最原始，大口吃肉的欲望。

堅持走專賣路線，也考慮到作業流程。人員只須做重複動作，因此益加熟練，出菜也快。因為沒有沙拉吧這些副食品供取用，加上店裡鬧轟轟沒法聊天，店外又有一堆人在排隊，客人多半用完餐就會離開。原來，捨掉同業標榜的「附加價值」，也是赤鬼的高翻桌率策略之一。

阿默蛋糕的產品也奉行「簡單哲學」，因為負責人周正訓認為，以公司品管能力，當品項超過十樣一定做不來，所以推出第十項產品，就得淘汰最後兩項產品。

阿默蛋糕也徹底執行極簡作業流程。烘焙廠裡蛋糕生產線上不設磅秤，所有的原料成分比例，已經從供應商端進行數量的規格化。在阿默廠的生產指令是「蛋汁一桶、麵糊一袋、乳酪半條」，工作人員拿了就倒，速度快、又不會出錯，因此能維持穩定的品質。

一點就通

- 相對於提供多樣化的商品和服務，極簡式的產品或服務內容，也可以滿足消費目標明確的客群。
- 不需要複雜精密的管理流程，簡化、規格化，讓產品做得更快更好。

87

用顧客的角度經營①

麵包店減法再乘法，贏過大而無當

開創過多家餐飲品牌的王品集團創辦人戴勝益曾分享：許多經營者都從自己的角度經營，卻忽略了客戶的需求。例如太多麵包店老闆認為麵包種類越多，表示自己的技術越好，所以不敢減少品項，但這剛好是最大敗筆。關鍵在於不是用顧客的角度經營。

做那些客人不需要的東西，放他們不想買的產品，這些都足以破壞客人進來的興致。例如，六十幾種麵包、西點擺在店裡，每種各擺幾個，不僅占空間又沒賣相，以至於暢銷的品項只能擺出十來個，卻因數量不夠，客人反而不想買更多。改專做某幾種麵包，因為不須分攤六十種麵包的成本，反而能降低售價。

首先「減法」思考，再發揮「乘法」效應，例如減少品項還不夠，還要把最暢銷的品項如菠蘿麵包、炸彈麵包，體積加大二〇％、改包裝，但價格只加一點，這樣就有優越性了。

一點就通

- 什麼都有的百貨式經營，未必優於聚焦式的特色小店。
- 可以用十七字箴言檢視自己店的競爭力，「客觀化的定位」「差異化的優越性」「聚焦深耕」。

88

用顧客的角度經營②

可樂旅遊讓客戶每一個小抱怨都被聽到

可樂旅遊透過內部管理平台，厲行透明化管理。例如，在旅遊行程結束時，會由客服人員把客戶在旅客意見調查表上的建議，輸入至平台系統上，業務、產品部門和管理階層，都會同步收到訊息；客戶的意見，以往還有可能石沉大海，如今全部都透明，由管理階層決定採納與否，這樣不僅會影響產品部門的工作量，也事涉旅客的感受。

從建立系統、形成透明化機制，到尊重旅客意見，重新檢討流程，在透明化的改革過程中，讓產品設計流程觀念出現顛覆性的改變，內部因而出現前所未有的緊繃。「產品部門認為被削權了，」可樂旅遊副董事長吳守謙指出，產品部門和業務之間關係緊張，刻意忽視業務員意見，或是口氣差、掛業務員電話等情況層出不窮。

為降低部門間的對立，可樂同步建立內部評比機制，讓業務員每月兩次評比，產品部門主管、團控和線控的表現，評比內容只有副董事長能看到，讓業務員敢說出真實心聲，協助公司找出問題所在。並將產品、業務部門績效互綁，讓競爭變互補。

「彼此魚幫水、水幫魚，彼此之間各取所需，」吳守謙說，現在業務和產品部門的合作效率提升十倍，產品設計更多元，也更貼近消費者的需求。

每週會議的重點在於檢討過去一週團體旅客的抱怨，找出問題的癥結。「旅遊元件越多，變數也越多，建置平台的目的，在於把產銷流程徹底融入系統之中，避免人為因素的漏洞，」吳守謙說，服務品質靠人力查核，容易產生誤差，且追蹤不易，一定要靠科學化系統來把關。

把關的方式是每家旅行社都會做的旅客意見調查表，但可樂堅持讓領隊發放書面問卷給客人填寫，並且必須逐一編號、彌封，以落實反映消費者的意見。二〇一六年收回將近三十萬份的問卷，做為改善產品的依據。

當客戶寫下「爛」、「生氣」、「危險」等負面字眼，一方面要求客服人員要將客人意見，原封不動的輸入資料庫，讓他們能透過關鍵字搜尋，馬上發現問題並解決問題。

例如，某次赴印尼峇里島的旅遊團，客戶回國後在調查表寫下：「遊覽車輪胎，完全無胎紋，很危險。」在八小時內，可樂的業務先致電該客戶了解狀況，向消費者表達：「您的意見，可樂聽到了。」

調查表中，何時出團、哪位客戶寫下的意見，都一目瞭然，得立即尋求改善之道。

「這都是上帝的聲音，透過消費者的手，提醒我們盯緊分包商，分包商再要求供應商，把安全擺在第一。」吳守謙說。

不僅安撫客戶情緒，同時間管理東南亞線的第六部部長，也向當地的分包商要求提供更換輪胎的照片，並請提出完整報告，說明為何要派這樣的車輛給可樂的團，並要求不得再犯。「這就是做管理，遇到問題時就要矯正，才能確保安全第一。」吳守謙說。

「安全，是旅行業的天條，絕不可犯。」吳守謙說，只要有問題，可樂一定會深入追究，要求內部員工或分包商改善，每年也會製作個案教材，在年度大會上與全球七十七個分包商分享，「如此一來，風險控管就越來越沒有瑕疵。」

一點就通

- 消費者至上的觀念聽來八股，我們卻總不自知。傾聽客戶，是服務業的金律。
- 可樂發展平台的創新管理模式，讓領導人易於管理，並能從中取得經驗曲線，減低人為因素，可有效降低成本、增加利潤，再回饋到消費者身上，提升其市場競爭力。

89

社群互助術

到時尚版臉書，分身好友試穿給你挑

網購衣飾縱然方便，但每個消費者的體型不同，很難從網路模特兒的試穿照片判斷衣服合不合身，因此退貨率偏高。全球服飾網購市場規模一年逾千億美元，衣服退貨率卻高達四成（網購電子產品退貨率不到一成），是所有網購商品之冠，在耶誕節後的退貨率更高達七成。

丹麥的穿搭社群網站 Fitbay 宛如「時尚版臉書」，導入大數據觀念，讓消費者雖然無法試穿，卻可以請雲端上的網友幫忙。Fitbay 鼓勵會員穿上自己最愛的衣服自拍上傳，跟身材類似的人互為分身好友，藉此檢視哪些品牌、什麼款式、哪一尺碼最適合自己，不用親身試穿也有穿搭效果。

要加入這個網站，要先回答個人的身高、體重、身型、肩寬等「量身」問卷，Fitbay 透過演算法，就能在近十萬名註冊用戶、逾四百萬件服飾中，幫你篩選出可能喜歡的產品。

對各大品牌而言，Fitbay 不但可以帶進訂單，還能從大數據中發掘潛力顧客，將產品線朝各種尺碼身材擴充。例如，身高體重一般的女性會喜歡 H&M，Zara 則最受豐滿的女性歡迎。對於身材比較圓潤的男性，Nike人氣最高；塊頭越大的男性，越喜歡穿Levi's牛仔褲。

一點就通

- 為眾多的網路使用者找到個人虛擬分身，先幫忙試穿、試用，可提高成交率。

90

把眼光從敵人身上移開

大前研一不陷入敵人的迷思

日本管理大師大前研一曾分享一個親身個案。一九八八年時，大前研一正擔任一家日系家電公司的顧問，這家公司想開發新的過濾式電動咖啡壺。高層認為，競爭對手奇異公司剛推出一款可在十分鐘之內煮好咖啡的咖啡壺，便要求工程師設計出一款更小型，可在七分鐘內煮好咖啡的咖啡壺。

但大前研一卻反問：就因為競爭對手標榜「速度」這個產品特性，我們就應該跟進？他要求公司高層思索一個根本的問題：顧客為什麼要買電動咖啡壺自己煮咖啡？是為了時間嗎？還是有其他原因？此時答案就很簡單了：顧客想要的，是享受一杯香醇的好味道。那麼，哪些因素決定了咖啡的香醇與否？咖啡豆、水質、溫度等，而其中水質的影響最大。這個故事的結局不難料想：公司因此著手設計一款具有內建濾水功能、內建研磨機的電動咖啡壺，大受市場歡迎。

一點就通

- 把眼光從「敵人」身上移開的策略有個好處。亞馬遜創辦人貝佐斯曾說：「在快速變化的環境中更有效。如果你是競爭者導向，當你的標竿分析都顯示你是最好的，難免就會懈怠下來。但如果你是顧客導向，就會一直力求進步，這種策略好處多多。」
- 要成為贏家，就先別想著比較，那會讓你掉入對方的賽局框架裡。

91

另闢池塘

宇舶錶重新定位戰場，做市場異類

一九八〇年才創立的宇舶（Hublot）錶，靠重新定位戰場，顛覆高價腕錶由百年老店獨占的規則。

二〇〇四年，瑞士鐘錶「行銷鬼才」比佛（Jean-Claude Biver）辭去歐米茄（Omega）總裁、以路易威登（LVMH）鐘錶事業群總裁入主宇舶錶時，這個曾經因為第一個把橡膠與貴金屬融合而名譟一時的品牌，已經沉寂二十多年，甚至一度瀕臨破產。

在當時，單只售價動輒百萬元起跳的高級腕錶，競爭焦點都是各自獨家的百年機芯工藝，比誰最精準；產品外觀設計則多是一體成型、白色乾淨的錶盤、整齊鑲嵌著鑽石。

但比佛選擇另闢戰場，把焦點放在外觀材質上，不走「Me too」策略，他檢視宇舶的優勢，找到曾經讓它一炮而紅的「融合」基因，也就是橡膠搭配貴金屬，並決心放大它的「異類」特質，要讓它成為最有個性的手錶。

二〇〇五年，他推出第一個顛覆傳統的手錶系列，命名為「宇宙大爆炸」（Big Bang），仿照窗舷的六角形外框，用上了防彈背心的特殊材質結合陶瓷，獲得鐘錶業奧斯卡獎等級的日內瓦大賞，一炮而紅。

他甚至拋棄傳統三個零組件密合為一體成型的錶殼，改用六根螺絲、七十個零組件「三明治結構」堆疊，儘管組裝費時耗工，但七十個零件也成了玩「特殊材質」排列組合的空間。

宇舶錶研發團隊的三十位成員中，竟沒有一位是傳統製錶師，成員來自物理、化學、力學、天文與工程等不同領域。當別人把它們缺乏百年傳承的製表工藝當作缺點時，他們卻將之轉為優勢，沒有任何包袱的嘗試。

他們可以花三年開發出「魔力金」材料，或是把黃金與陶瓷融合在一起，又或是把球場上的綠草、捲菸紙、牛仔布……各種特殊材料應用在錶面上，甚至成立碳纖維實驗室，專門研究異質材料。

宇舶把戰場重點，從機芯工藝，重新定義為材質。在自有機芯工廠裡，宇舶錶把異質材料實驗，從錶面延伸到一般人看不到的機芯上。目的是讓粉絲一看到自己手錶內的機芯，就聯想這是和錶框同為全球獨有材質所製，覺得超酷。宇舶錶自此奠定競爭門檻。

一點就通

- 源於瑞士百年鐘錶歷史，卻不受限於大環境的遊戲規則，鮮明定位讓宇舶錶後來居上。它的品牌故事讓所有人看到，勇敢做自己的能量可以很大，只要你能貫徹到骨子裡。

92

上下游共好

台灣卡車燈王帶供應商一起升級

璨揚是台灣營收、產量最大的卡拖車燈製造商，也是目前亞洲第一個打進北美卡拖車燈市占前三大的公司。至二〇一五年累計超過八十六項專利，超過國內的企業平均水準。二〇一四年在北美就銷售逾三千萬個車燈、車尾燈等，市占逾兩成。

璨揚的成績單來自打入北美卡拖車原廠的供應鏈。但璨揚當年在研發時，沒有車廠敢下單，璨揚於是決定不收設計費、模組費，吸引車廠下單。但這種「免費」不是通通有獎，璨揚也會看車廠的規模、投資狀況，選擇相對較有潛力，而且對設計部門的磨練有幫助的訂單。一直到現在仍舊保持這個模式。

璨揚能攻入原廠供應鏈的關鍵在於「快」。要能拿到車廠訂單，重點是要有做急單的能力，目前璨揚從設計、開模、製造、檢測到出貨，最快只需要三個月，是北美競爭者的一半不到。

除了求快，璨揚也要兼顧產品品質。二〇一〇年，客戶將損毀車燈寄回璨揚，分析後發現是泥巴阻塞散熱孔導致車燈損毀。雖非產品本身問題，董事長黃文献當下立刻向車廠召回同款的所有車燈，且負擔運費及重新設計製造的費用，代價是超過新台幣兩百萬元，卻因此建立起璨揚與客戶之間的口碑。

為了做急單、搶攻市占率，璨揚也需要上游供應商幫忙趕工。因此二〇一〇年開始，每年花費超過一百萬元請顧問指導供應商，提升製程速度及供貨品質。供應商之一的奇異企業董事長邱建興表示，這些課程讓他四年來，相同的生產時間內，產量提升了兩到三倍。

另外，為鞏固與供應商的關係，每半年舉辦一次「燦榮會」，邀請營收成長幅度逾一〇%的供應商經驗分享；另外，還會策動供應商之間打開廠房大門，讓其他供應商能觀摩學習。有這些活動，讓供應商在璨揚接到急單的時候，會率先配合供貨，讓璨揚如今能躋身北美前三大的地位。

一點就通

- 又快又好的執行力，也包括將上下游廠商的品質和速度一起提升，否則光自己做好，是沒有用的。

93

暢銷法則

騰訊先決定市場再求創意

中國遊戲市場龍頭騰訊成功的秘密，靠的不是石破天驚般的創新，而是奉行市場至上原則和精準的執行力。

以前，中國遊戲產業對騰訊遊戲的印象，就只會抄，這點連騰訊也曾大方承認。例如模仿盛大《泡泡堂》的《QQ堂》、模仿《魔獸世界》的《QQ幻想》等。但騰訊在別人的基礎上加以修改和優化，聽取用戶意見，每個月改版一次，註冊用戶超過千萬名，最後反過頭來威脅了原創者。

騰訊擁有QQ和微信共九億多名用戶，中國手機端的網友每天花將近一半時間在騰訊的網路服務上，超過百度加上阿里巴巴。這讓騰訊比任何遊戲公司都更有機會了解用戶。騰訊通常是借鏡別人的創新點，再基於自己的強項，即產品能力和對用戶的了解進行商品化，再加上無法比擬的用戶觸及能力，才是騰訊做遊戲產品的真正優勢。

以韓國射擊遊戲《穿越火線》為例，韓國玩家偏好逼真的射擊效果，但中國玩家喜歡快節奏，因此騰訊重改了遊戲中的彈道設定。在中國上市之前，這款遊戲至少修改了十四次，最後《穿越火線》在中國槍戰類遊戲市占高達九成，註冊用戶數高達三億人。

其他如《QQ飛車》和《QQ寵物》也都是騰訊發現市場上對於賽車遊戲和寵物養成遊戲的需求，才開始著手開發。開發邏輯是先決定市場，再決定創意。

▼一點就通

- 考慮用戶的差異化在哪裡。從產品端、市場端，都要非常清楚首要目標用戶、次要目標用戶和可拓展的潛在用戶是誰。

94

管控質與量

Zespri 撥兩億研發，想種要買執照

紐西蘭奇異果 Zespri 公司產品創新的秘密，是每年會撥出七百萬美元來研發新品種。在紐西蘭農作物暨食品研究中心裡，能吃到紅肉奇異果、金桔大小的迷你奇異果（kiwiBerry）甚至辣味等各種新奇品種奇異果。

Zespri 公司創新經理帕克斯（Bryan Parkes）透露，每個新品種都是從中心擁有的四、五千種不同原生植株中，經由果實性別、顏色、風味、大小、營養價值與抗病力等特徵層層篩選，平均約兩萬顆種子才能找出一個有商業化潛力的新品種，「用十年磨一劍形容一點也不誇張，」帕克斯說。

黃金奇異果，正是該公司至今研發出最成功的新品種。任何人都可以種綠色奇異果，但該公司則控管黃金奇異果的執照，隨需求增加，才發出更多執照，避免供過於求，想種金果的農民必須向 Zespri 公司購買執照（約合新台幣十九萬元）。」

「要維持我們的競爭力，最簡單方式就是在外在競爭發生之前更快做到創新，」Zespri 執行長賈格（Lain Jager）解釋，全球消費者購買奇異果主因是口感、其次是健康，研發新產

品時也會以此做考量。

▼一點就通

• 以執照控管市場供給，可控管品質，同時避免走向價格戰，淪為雙輸的下場。

95

產品開發

美利達讓台德分工，聯手研發

美利達自行車的的研發中心位於德國馬斯塔特，它也是美利達品牌大使，負責贊助國際自行車手與車隊。與其他國際自行車大廠動輒三、四十人的研發中心相比，美利達的研發團隊只有十人。「我們跟台灣分工合作，效率還超過其他公司，」帶領研發團隊的美利達德國產品部總經理約根·佛克（Jurgen Falke）說。

美利達有兩大工作方法。

其一，人員分工。德國人細緻與精準的特性，加上貼近歐美市場消費者，因此負責概念發想與產品設計，生產端由台灣負責。讓有創意的人，去做更有價值的事。

其二，也是變革最大的，就是把生產模式從「接棒式」改為「共同開發」。「接棒式」指的是傳統品牌商與代工商的分工，因為品牌商有商業機密考量，從研發測試、代工廠詢價、零件研發、報價、來回修改等，期間長達半年，新款搶市的時間會比較緩慢。

由於美利達同時身兼品牌與代工，有研發與製造能力，當德國的研發中心在進行第二階段風阻等項目測試時，台灣廠就介入討論，並開始製作模具，沒有商業機密期，部分流程的時間可重疊，是新款車可以提前生產，並且搶先三個月上市的秘密武器。

自行車也如同流行產品一樣，每年傳統在九月、十月會有新車上市潮，但各家廠商無不挖空心思，既不讓商業機密曝光，但又希望產品提早問世，「先搶先贏」。

「接棒式」因有商業機密考量，通常代工廠第二季的訂單會很少，但「共同開發」，則可讓代工廠不再有淡季，四月可開始量產，五月新車問世，業績步調也因此改變。

一點就通

- 慢研發未必保證產品好，依據人員特質進行工作分工，才能將效益拉到最高。

96

貼近市場

每座工廠都設研發中心

馬來西亞華人企業家林偉才是「頂級手套」（Top Glove）創辦人暨執行長。當別家競爭對手看到供不應求的手套商機時，林偉才已經注意到醫療用橡膠手套有國家認證上的問題，取得各國的認證，能因應各國醫療規格需求生產，等於買到產品行銷各國的門票。他同時研發自己的原料配方及設備，讓生產線可因應不同國家的醫療規格要求，立即在生產線上進行調整。

林偉才每蓋一座廠，都會在廠房配置研發中心。這個策略的好處是，讓每一座廠房就像一個獨立的公司，當不同客戶有不同的需求出現時，可讓生產線都能隨時針對不同認證，調整生產線與良率，保持最好的生產效率與品質。

林偉才說，橡膠手套產業最可怕之處，就是它看來二十年如一日，會讓經營者以為這個產業好似沒有變化，失去求進步的決心，最後漸漸遭到市場自然淘汰。

一點就通

- 貼近客戶需求，為他量身訂做，讓服務更即時，客戶就離不開你。
- 每個市場都會有自己的需求和潮流，要迎合需求、跟上潮流，否則難免被邊緣化。如何專注自己的策略，堅持不斷的進步，成了各家的決勝點。

97

樂高創新學

靠著一套內部機制讓創新源源不絕

成立超過八十五年的樂高公司，曾在二〇〇四年跌入谷底。歷經改革陣痛後，不但安然度過金融海嘯，之後還曾連續五年營收成長率平均高達兩成，直逼Google。在網路和電玩的競爭下，業績不降反升，養出全球超過七千五百萬人的「樂高迷」，還一度登上全球第一的玩具製造商寶座。

《日經Business》指出，過去十年，樂高靠著一套內部機制，讓創新得以源源不絕。在丹麥首都哥本哈根的樂高專賣店裡，一邊，是長銷的「基本積木」，能夠自由組合堆疊。另一邊，則是現在的主力商品「主題積木」，《星際大戰》（*Star Wars*）、《樂高玩電影》（*The Lego Movie*）系列，都是根據特定故事設計而來。雖然也有一般的積木零件，但玩法卻是根據特定主題而有所不同。

目前主題積木涵蓋超過三十種主題，一年推出近四百種新商品，創造的營收占全體六成；十年前，這個比率只占兩成。換句話說，正是主題積木的持續熱銷，帶動了樂高大躍進。

以販售「故事」做為商品主軸這點並不稀奇，其實樂高真正獨創的創新，在於二〇〇六年起採用的「創新矩陣」制度。

創新矩陣是由四乘三，一共十二個元素組成。橫軸是商品開發階段，共有企畫、設計製造、行銷、獲利四個步驟；縱軸則是創新手法，分為改善現狀、重組、全新創造三種。

每次開發新商品，負責人必須畫出創新矩陣，詳細計畫各個開發階段，分別能應用哪些創新手法，讓所有創新的可能一覽無遺。

例如，以電影《樂高玩電影》為例，其中關鍵，就是在開發流程中的「企畫」階段，便「全新創造」出過去沒有的原創電影。另外，在「設計製造」階段，則運用「重組」手法，開發出電影後續的主題積木。針對全部十二個元素，都有相對應的戰略，全方位提高新商品的打擊率。

對樂高來說，創新矩陣有三層意義。第一，創新不再限於積木的開發製造，在任何層面都可能發生；第二，創新不一定要劇烈的改變，就算是小改善，也能令人耳目一新；第三，創新的 know-how 不再是經驗傳承，而是變成視覺化的資訊。

創新矩陣的資料持續累積，「只要對照過去商品成功或失敗的模式，新商品該如何著手便一目瞭然，更容易訂立戰術，」樂高財務長古德溫（John Goodwin）說。

為維持未來的創新力道，樂高還有另一個秘密武器，就是狂熱的樂高積木迷。

樂高的全球會員人數達四百六十萬人，隨時運用他們的智慧，為產品注入新意。而有樂高認證的資深粉絲「積木大師」（LCP），全球僅十三人，樂高邀請他們共同開發新商品，例如二〇〇八年推出的「經典建築」（Architecture）系列，將白宮、雪梨歌劇院等知名地標化為積木，就是其中一位大師操刀的人氣商品。

一般的積木迷也能透過網路活動「樂高點子」（Lego Ideas）提案，只要有一萬人投票支持，不但點子有機會商品化，甚至能獲得商品營收的一%回饋金，樂高藉此誕生了魔鬼剋星（Ghostbusters）、回到未來（Back to the Future）系列。

利用矩陣管理創新，讓主力商品打擊面達到最大；借用顧客的智慧，則讓商品隨時推陳出新。

一點就通

- 瑞典物理學家與哲學家瓊森於《時間十想》中說：「給自己時間思考，才能變得有創意。」
- IKEA創始人坎普拉於《一位家具商的誓約》中說：「只有睡著的人才不會犯錯。犯錯，是積極行動、能從錯誤中學習的人，享有的榮譽。」
- 靠著自己建立的創新機制，樂高把組織的力量發揮到極致，讓熱門商品叫好又叫座，永續不滅。

第5章

成本與績效

企業管理的底線——

98

部門自負盈虧

京瓷「變形蟲式經營」

日本的京瓷工廠創辦人稻盛和夫，提倡「變形蟲經營」核心。變形蟲經營的手法就是將公司組織劃分成稱為「變形蟲」的小團體，團體之間可以互相「內部買賣」原材料與半成品，製成產品後出貨，形成一條價值鏈。

例如，表面黏著用電子零件封裝材料是主力產品之一，生產過程從原料成型並電鍍處理後，到包裝出貨為止，共分成約二十個變形蟲團體，即使像膠帶成型或切斷等很單純的程序，如果產生的附加價值低於每一小時的人事費用，變形蟲團體本身就會虧損。這逼使員工絞盡腦汁提高生產力。所有變形蟲團體，包含生產、業務、管理等部門在內，都以「最低成本創造最大利潤」為目標，進而創出驚人的收益。

為了徹底落實，各部門在每天的全體朝會之後，會再以更小的組織如組或班為單位各自舉行朝會。這種每天例行的各層級朝會，讓變形蟲經營的觀念滲透到組織的每一個角落。

一點就通

- 變形蟲組織是將每個部門獨立視為一個自負盈虧的小型公司，獨立承擔部門的經營責任。因公司提供的內部資源也都算入部門收入，每個成員也都更能明確理解追求的目標與自身的貢獻。
  京瓷就是用精緻的部門自負盈虧管理，逼出員工高生產力。

99

責任中心制

震旦行驅動員工企圖心，有本事可以全拿

震旦行是台灣企業推動「責任中心制」的先驅。責任中心制，就是企業主只設定成本，多出來的獲利就由員工及雇主分配，誰有本事就可以拿下全部，創辦人陳永泰認為這是最符合人性的方式。

在實施責任中心制之前，南部一家分店的招牌可徹夜不關，十噸的冷氣放任運轉。但改採責任中心制後，可能三小時後就關掉省電，而且，三五%的利潤當月就分掉，二五%做年終分紅，團隊像小家庭，員工更加投入。

陳永泰曾說：「你必須讓員工自己決定自己收入，如此一來，企業才會形成有機體。好像一個火車頭，因為馬達只在火車頭裡，要帶動會很吃力，我們一百節火車都有馬達，當然自己會動。」

震旦行建立全員「控制成本、開創利潤」共識與觀念，能激發員工努力創造績效。

一點就通

- 責任中心制就是把各種活動統合成事業部門，各自負擔損益責任，例如，震旦行分店各自獨立又承擔行銷和利潤責任，就是標準的「利潤中心」。
- 責任中心制的充分授權，讓最高階管理者不必過問日常瑣事，騰出更多時間思考大方向；各單位部門的經理人則會各自承擔責任，創造績效。整體組織效能會因此提升。

100

整批定價
二手服飾店一口價，簡化流程

日本長期的消費不振，使得不少店家縮小店面以節省成本，但是當黃金地段也不再是錢潮保證時，讓人想像不到的怪點子反而挖出商機。二手服飾店「DonDonDown on Wednesday」在十點鐘一開門，隨著店員口號聲「繼續等？還是決定買？還是被搶走？Let's enjoy DonDonDown!」早已等在門外的三十幾名顧客就立刻湧進。這家店如同店名，在每週三都會全館降價促銷。通常當天的營業額是平時的三倍。

售價標籤也很特別。上面不寫數字反而以「水蜜桃」、「西瓜」、「茄子」、「蔥」等圖樣來表示。例如：掛著「水蜜桃」牌子的衣服，本週的售價為一萬日圓，掛著「西瓜」牌子的衣服，本週的售價是兩千日圓。到了星期三，所有的售價就降價一千日圓。這樣一來，不僅省去店員必須一一修改標籤上售價的麻煩，對顧客來說也是一目瞭然。

一點就通

- 「懶惰定價」，簡化銷售管理過程，也是一種效率管理方式。
- 一連串的降價策略，不僅可以吸引顧客，也可以簡化銷售管理過程。徹底降價出清的做法讓庫存風險得以降低，也是其可以在偏遠地區展店的秘訣。

101

節能方法
指定專人負責電源開關

日本有家專門生產電器設備材料的未來工業，瀧川社長縮減成本的方法很實際，就是「找專人負責」。例如辦公室內每個日光燈開關上都貼著員工的姓名，名牌代表該照明的關燈負責人。瀧川社長說：「節省用電是意識的問題。如果看到名字，比較能感覺到是自己的東西，自然而然就會注意關燈。」

低排氣量汽車龍頭、鈴木汽車公司會長兼社長的鈴木修曾說：「costdown（縮減成本）之後才知道富士山有三千七百七十六公尺高。」為什麼說富士山？因為二〇〇八年鈴木汽車消耗的影印紙張數，超過三千七百七十六公尺，所以才記住這個數字。鈴木會長最擅長把浪費變成看得見的東西，他到處巡視生產現場，看到了公司內部衍生出來的浪費。

▼一點就通

- 人人有責往往變成無人負責，明確指派負責人，才有機會貫徹執行。

精省辦公環境

到咖啡廳辦公，視訊管員工

生產屋頂上不鏽鋼水槽的日本森松公司，社長松久信夫的社長室是一家咖啡廳。因為松久社長認為：「如果要在公司裡設社長室，不僅要租金也要秘書、茶水費等多餘的支出。」森松工業集團是一個員工超過二千六百人的中型企業，可見這不只有中小企業才能做得到。

松久社長隨身攜帶筆電，並利用ＩＴ技術維持工作效率。在經過員工同意後，於全工廠架設超過兩百台網路攝影機。藉著這些網路攝影機，松久社長可從各個角度即時觀察員工的工作情形。松久社長還說：「現在攝影機的技術進步，連員工的表情都看得到。走訪全部的工廠需要兩個月，用攝影機的話只需三十分鐘。」

森松也強烈建議公司裡的一百名業務人員在家上班。因為他說：「所有的營業據點都精簡的話，每年可以節省將近一億日圓（約合新台幣三千五百萬元）的經費。但是礙於營業主管表示難以掌控員工情況，所以還無法實施。」

一點就通

• 檢視有哪些空間和資源可以變通使用，什麼都到位的硬體設施，並不保證公司賺錢，而「匱乏」或許是個好方法。

密集採購降存貨

ＡＴＴ集團每週採購新貨、週週上新衣

ＡＴＴ服飾零售集團董事長戴春發深諳在台灣做生意，便宜一定賣得出去的哲學，戴春發做生意的原則是：同樣的產品要比別人便宜一半。

傳統的服飾店是以季為單位，一年採購四次，等於季前就採購了八成商品，並保留兩個月的安全存量。這個方式的好處是不用花太多次的採購成本，但風險在於萬一沒看準流行走勢，不僅無法與時俱進、隨著流行的風向調節採購的品項與數目，存貨成本與季末庫存的消化，頓時成為負擔。

為了符合流行商品週期短、成本不能太高、單品的數量也不宜過多的特性，ＡＴＴ旗下代理品牌一反業界傳統作風，以每週採購一次、週週有新衣的做法，提高週轉率並降低存貨成本，增加商品的多樣性與新鮮感，並拉低商品的價位。早期即以折扣起家的戴春發說：「我們的商品可以因此比別人的同級商品便宜三到五成，亦即鼓勵消費者再來消費我們物美價廉的產品。」

一點就通

- 控制進貨週期與數量，時尚衣不會囤成過季貨，有助於壓低價格。
- 加快產品上市速度，比競爭對手更早搶得先機。

104

二〇%的開銷其實是浪費

毅業集團省錢三招

專門研究成本控制的毅業集團（ERA, Expense Reduction Analysts），在進行許多企業健診後認為，與其在財務吃緊時裁員，還不如及早建立花錢與物資使用的制度。董事總經理傑茲（Stanley Zets）說，大部分企業經過成本控制健診後，會發現約有二〇%的花費都是浪費。毅業集團的經驗集結出三大省錢絕招：

省錢絕招一：大部分公司最常浪費錢的地方在印刷系統、電訊設備以及郵務系統。因為一般公司都會把心力專注在核心業務上，原料或主業成本會很斤斤計較，然而印刷之類事務並不是一般公司的主要支出項目，只是附屬的業務需求，所以公司對於這類商品的價格波動並不敏感，就把這些事務完全交由熟悉、信任的「老夥伴」處理。老夥伴們只要長期合作愉快、默契良好，能夠保證出貨品質與速度，多半會繼續合作下去。

因為合作關係穩定，對價錢也就不斤斤計較，這種情形下，老夥伴給的價錢反而往往並不便宜。這個時候，傑茲建議，和所有的「老夥伴」重新議價。

省錢絕招二是集中採購。「大家都在買，價格就會很混亂。」以毅業集團接觸的企業為例，常常一進公司就發現，名義上公司有三個人負責採購，但實際上有十幾個人在買，根本無法獲得最好的價錢。如果多採取集中採購措施，把公司用的紙張、工作設備、辦公室必需品主動買齊，放在公司裡讓同事使用，不僅可以得到大宗採購的便宜價格，更可以讓人感覺到公司的貼心。

絕招三則是不輕易裁員。台灣許多公司在財務吃緊時，會先考慮以裁員因應，傑茲並不贊成這種做法，裁員雖然很容易省下錢來，但是會讓員工對公司的信心動搖，而且每個員工的養成，都需要一大筆教育費用，裁員也無形中浪費了這筆費用。如果採用成本控制政策因應，省下來的錢不但可以留住員工，同時也能在公司內部建立一套採購與物資使用的制度，利於公司長遠的進步。

一點就通

- 消除二〇％浪費黑洞的重點在提升議價力（集中採購＋強化與供應商關係）。
- 裁員絕不是有效措施，短期內雖然能降低人事成本，但難免折損品牌形象，且有礙長遠發展。

開會效率提升①

英特爾開會有專人把關、計時

「你絕對無法避免開會，但你可以讓會議更有效率。」這是英特爾（Intel）董事長葛洛夫（Andrew S. Grove）對內部談管理時，常說的第一句話。要開好會，最重要的是要有明確的流程規範。每個新人進英特爾時，都要上如何開有效會議的課程（這會影響績效獎金）。

會議召集人須在一週前發出會議通知。如果有人到了會議室，才問今天要討論什麼，這會議就算失敗。會議通知共有九個項目：會議目的、時間地點、參與者、會議形態、與會者分工模式、預計進行流程、最後的決策方式，還有預計的產出結果，與上次開會決議的事項。會議召集人在會前一週，要將會議主題的相關資料上網，以供與會者下載。

當有好的議題出現，會議把關員可要求會議紀錄員先記錄下來，但仍要回到原先主題討論。還有計時員，依照會議通知規定的每人報告時間，提出警告，以免會議延宕。會議結束前五分鐘，主席要重複最後的開會結論與確認任務。

會議紀錄員須在開完會後二十小時內，傳給與會者與相關負責人，逐點列出決議後的待辦事項、相關負責人與完成時間。另有因此次會議衍生的新議題、召開新議題會議的負責人是誰等。接到信件後若無異議，與會者就該依照會議結論執行。會議後落實執行，才是有效會議。

▼一點就通

- 把一個會開好，真正達到開會目的和效果，才能談公司績效。
- 避免沒有效益的會議。

106

開會效率提升②

亞馬遜開會人數，限兩個披薩能餵飽

在亞馬遜網路書店某場內部會議中，高階主管們建議創辦人貝佐斯，公司內應該加強交流，他卻表示反對，認為太多交流是很可怕的事。

貝佐斯主張，組織應該分散、去中心化。不論會議還是工作團隊組成，都不應超過「兩個披薩能餵飽的人數」，也就是十個人。這是避免亞馬遜成為一言堂、扼殺創意的好方法。會議人數不超過十人，所有人才可能都發言，每個人都必須準備，會議才會有深度，才可能人無不言，言無不盡。

▼一點就通

- 除了布達訊息或造勢用的會議之外，「兩個披薩」理論所有企業都通用。不是為了省伙食支出，而是為了提升會議效率。

107

業績預估①

IBM成交機率也能量化統計

全球知名管理顧問公司IBM，也是最創新的公司之一。具有科學本質的IBM，要求業務員每週報告業務進度時，也要精準量化。IBM有一套量尺，把零到一百的成交機率，分六階段給固定分數。剛聽到商機，成交機率是零；確認客戶有需求，機率是一〇%；客戶編好預算，機率跳到二五%；進入議價，成交機率是七五%；簽約時達到滿分。這樣的設計，讓業務員和主管，可準確調配出年底業績。

一點就通

- 「量化」是業績管理的基礎。
- 即使是不可能，也要能說出不可能的程度有多高。

業績預估②
台達電滾動式預估業績，調節資源分配

台達電子多年來運用一套「滾動式預估」制度，把成本戰升級到資訊戰，做六個月景氣預估，而對下一個月營收預測的準確度由過去八成提升到九成，成為台達電快速察覺景氣的秘密武器。

為何要求預估六個月，時任營運長（現任副董事長）的柯子興曾表示：「台達電是艘大船，要收緊口袋得慢慢收，船才走得穩。」這條預估線，幫台達電多爭取兩個月時間做節流。

第二個好處就是快速調動人才。柯子興舉例，二〇一一年下半年雖然需求下降，但是從數據發現，原本巴西僅有通訊電源的訂單，但是第四季起，消費電子電源訂單越來越多，因此馬上由台灣派出生產團隊，幫巴西工廠開出新產線，反之印度過去每年都有五成成長，後來成長幅度下降，總部便將印度人手調回台灣，不讓人員「閒置」，靈活調度產能。

一點就通

• 不景氣時，降低庫存、凍結人事、減少出差，都是企業因應不景氣的基本做法，但如果能提早掌握資訊，就能提早啟動節流。

109

螞蟻生存學

美廉社用超商距離賣超市商品

美廉社曾被形容為「有冷氣的雜貨店」，二〇一七年十月，全台店數達六百一十一家。風格像超商、產品組合又像超市，卻能持續擴店成長，業界莫不好奇：美廉社為什麼還能存活？

「我們就像螞蟻，有一點縫隙就能活！」美廉社總經理邱光隆說，超商和超市再全面，也不可能面面俱到。例如，超商點夠多、夠便利，但產品主攻個人消費，對家庭客群來說太貴；而超市雖能解決前述疑慮，距離又太遠，對年長者來說搬米、油都是負荷。這個兩難，就成了邱光隆眼中未被滿足的需求。

邱光隆笑稱，美廉社的展店策略，和美而美有異曲同工之妙。「因為我們做的不是過路客，而是周遭鄰居，」他說，為做到讓老年顧客下樓就能買，他們專挑住宅區大樓、公寓下的一樓店面，能見度、三角窗、坪數對他們來說都是次要。

邱光隆說，連全聯都有一百坪以上的基本要求，他們卻是來者不拒，即使門面面寬只有一扇自動門、九十公分寬、連招牌都放不下，美廉社也照租不誤。

搶占距離優勢是第一步，如何讓顧客上門，價格、產品組成，更是該公司的關鍵能耐。美廉社顧名思義，以低價為號召，但它既沒有統一超的採購規模、也沒有全聯的寄賣制優勢，如何壓低價格？

「如果都和別人走一樣的路、切同樣貨源，論價格、獨特性永遠都拚不過！」邱光隆形容，美廉社找貨，「無所不用其極」。

他不諱言，過去會直接向量販店、超商購買將退貨的即期品，加註後打折販賣，他稱之為「挖貨」。近年，則將主力轉向自有品牌、獨家進口商品。

他分析，美廉社靠賣「柴米油鹽醬醋茶」等帶路貨起家，因上述商品是必需品、重量又重，足以吸引顧客捨遠求近。但這也是最容易被比價的商品。因此，從礦泉水、米、太白粉、油到衛生紙，美廉社全以自有品牌應戰，定價最多可便宜三成。

帶路貨讓客人上門，但要提高客單價，得靠產品差異化。邱光隆盤算，和別人進同樣商品，必定陷入價格戰，以美廉社的規模而言，將永無翻身之日。因此，他成立進口部門，和其他通路相比，全程不經貿易商，人員親自到海外看展，開發新產品、簽獨家代理，自己進口自己賣。

他形容，雖然進口部門只有三人，但從歐洲的丹麥到南美洲的智利，每場商品展無役不與。「我主攻嗜好品如酒、零食，因消費者在這塊的品牌忠誠度低，」如此一來，不只避開價格戰，也降低進貨成本；他以獨家進口的德國、丹麥的啤酒為例，光毛利，就是台啤的三十倍，就算是其他進口商品，與常規品相較，毛利也都相差兩倍以上。

目前，含自有品牌，美廉社的獨家商品在品項數、營收占比皆已達兩成，在業界僅次於好市多，提升客單價達一百三十元，超越超商平均值。

一點就通

- 相信巨人腳下一定還有留下縫隙，就成了美廉社找到價值的信念。美廉社的螞蟻絕學從展店、選點，都有能屈能伸的本事。

管理妙招便利貼：商業周刊30週年最強管理案例精選

作者　商業周刊
商周集團榮譽發行人　金惟純
商周集團執行長　王文靜
視覺顧問　陳栩椿
商業周刊出版部
總編輯　余幸娟
責任編輯　林　雲
封面設計　Javick工作室
內頁排版　邱介惠
出版發行　城邦文化事業股份有限公司-商業周刊
地址　104台北市中山區民生東路二段141號4樓
傳真服務　（02）2503-6989
劃撥帳號　50003033
戶名　英屬蓋曼群島商家庭傳媒股份有限公司城邦分公司
網站　www.businessweekly.com.tw
香港發行所　城邦（香港）出版集團有限公司
香港灣仔駱克道193號東超商業中心1樓
電話：(852)25086231傳真：(852)25789337
E-mail：hkcite@biznetvigator.com
製版印刷　中原造像股份有限公司
總經銷　聯合發行股份有限公司 電話：（02）2917-8022
初版１刷　2018年4月
定價　300元
ISBN　978-986-7778-21-5（平裝）
（本書為《管理點子製造機》修訂改版書）

國家圖書館出版品預行編目資料

管理妙招便利貼 / 商業周刊著. -- 增修1版. -- 臺北市：
城邦商業周刊, 民2018.04
面；　公分 -- (藍學堂；80)

ISBN 978-986-7778-21-5(平裝)

1.企業管理 2.創意 3.個案研究

494.1　107004092

藍學堂

學習・奇趣・輕鬆讀